电网企业员工安全等级培训系列教材

输电线路带电作业

国网浙江省电力有限公司◎编著

图书在版编目（CIP）数据

输电线路带电作业 / 国网浙江省电力有限公司编著 . —北京：企业管理出版社，2024.6

电网企业员工安全等级培训系列教材

ISBN 978-7-5164-2948-8

Ⅰ. ①输… Ⅱ. ①国… Ⅲ. ①输电线路 – 带电作业 – 技术培训 – 教材 Ⅳ. ① TM726

中国版本图书馆 CIP 数据核字（2023）第 184516 号

书　　名：输电线路带电作业
书　　号：ISBN 978-7-5164-2948-8
作　　者：国网浙江省电力有限公司
责任编辑：蒋舒娟
出版发行：企业管理出版社
经　　销：新华书店
地　　址：北京市海淀区紫竹院南路 17 号　　邮　　编：100048
网　　址：http：//www.emph.cn　　电子信箱：26814134@qq.com
电　　话：编辑部（010）68701661　　发行部（010）68701816
印　　刷：北京亿友数字印刷有限公司
版　　次：2024 年 6 月第 1 版
印　　次：2024 年 6 月第 1 次印刷
开　　本：710mm × 1092mm　1/16
印　　张：9.25印张
字　　数：156千字
定　　价：58.00元

编写委员会

本册编写人员

张　成　翟瑞劼　梁加凯　胡允乾　时剑肇　左立刚　倪相生
熊虎岗　汪　凝

前 言

为贯彻落实国家安全生产法律法规（特别是新《中华人民共和国安全生产法》）和国家电网公司关于安全生产的有关规定，适应安全教育培训工作的新形势和新要求，进一步提高电网企业生产岗位人员的安全技术水平，推进生产岗位人员安全等级培训和认证工作，国网浙江省电力有限公司在 2016 年出版的“电网企业员工安全技术等级培训系列教材”的基础上组织修编，形成 2024 年的“电网企业员工安全等级培训系列教材”。

“电网企业员工安全等级培训系列教材”包括《公共安全知识》分册和《变电检修》《电气试验》《变电运维》《输电线路》《输电线路带电作业》《继电保护》《电网调控》《自动化》《电力通信》《配电运检》《电力电缆》《配电带电作业》《电力营销》《变电一次安装》《变电二次安装》《线路架设》等专业分册。《公共安全知识》分册内容包括安全生产法律法规知识、安全生产管理知识、现场作业安全、作业工器（机）具知识、通用安全知识五个部分；各专业分册包括相应专业的基本安全要求、保证安全的组织措施和技术措施、作业安全风险辨识评估与控制、隐患排查治理、生产现场的安全设施、典型违章举例与案例分析、班组安全管理七个部分。

本系列教材为电网企业员工安全等级培训专用教材，也可作为生产岗位人员安全培训辅助教材，宜采用《公共安全知识》分册加专业分册配套使用的形式开展学习培训。

鉴于编者水平所限，不足之处在所难免，敬请读者批评指正。

编　者

2024 年 2 月

目　录

第一章

基本安全要求

第一节　一般安全要求

一、一般规定

（1）在海拔 1000m 及以下，交流 10kV~1000kV、直流 ±500kV~±800kV（750kV 为海拔 2000m 以下的值）的高压架空电力线路、变电站（发电厂）电气设备上，采用等电位、中间电位和地电位方式进行的带电作业，应遵守 Q/GDW1799.2《国家电网公司电力安全工作规程　线路部分》（以下简称《安规》）的相关安全要求。

在海拔 1000m 以上（750kV 为海拔 2000m 以上）带电作业时，应根据作业区不同海拔，修正各类空气与固体绝缘的安全距离和长度、绝缘子片数等，并编制带电作业现场安全规程，本单位批准后执行。

（2）带电作业应在良好天气下进行。如遇雷电（听见雷声、看见闪电）、雪、雹、雨、雾等，禁止进行带电作业。风力大于 5 级，或湿度大于 80% 时，不宜进行带电作业。

在特殊情况下，必须在恶劣天气进行带电抢修时，应组织有关人员充分讨论并编制必要的安全措施，本单位批准后方可进行。

（3）对于比较复杂、难度较大的带电作业新项目和研制的新工具，应进行科学试验，确认安全可靠，编制操作工艺方案和安全措施，本单位批准后，方可使用。

（4）参加带电作业的人员，应经专门培训，并经考试合格取得资格、单位批准后，方能参加相应的作业。带电作业工作票签发人和工作负责人、专责监护人应由具有带电作业资格、带电作业实践经验的人员担任。

（5）带电作业应设专责监护人。监护人不准直接操作。监护的范围不准超过一个作业点。复杂或高杆塔作业必要时应增设（塔上）监护人。

（6）带电作业工作票签发人或工作负责人认为有必要时，应组织有经验的人员现场勘察，根据勘察结果作出能否进行带电作业的判断，并确定作业方法和所需工具以及应采取的措施。

（7）带电作业有下列情况之一者，应停用重合闸或直流再启动保护，不准强送电，禁止约时停用或恢复重合闸及直流再启动功能：

①中性点有效接地的系统中有可能引起单相接地的作业；

②中性点非有效接地的系统中有可能引起相间短路的作业；

③直流线路中有可能引起单极接地或极间短路的作业；

④工作票签发人或工作负责人认为需要停用重合闸或直流再启动功能的作业。

（8）带电作业工作负责人在带电作业工作开始前，应与值班调控人员联系。需要停用重合闸或直流再启动功能的作业和带电断、接引线应由值班调控人员履行许可手续。带电作业结束后应及时向值班调控人员汇报。

（9）在带电作业过程中如遇设备突然停电，作业人员应视设备仍然带电。工作负责人应尽快与调控人员联系，值班调控人员未与工作负责人取得联系前不准强送电。

二、强电场的防护

带电作业中遇到的电场几乎都是不对称分布的极不均匀电场。作业人员在攀登杆塔或变电站构架，由地电位进入强电场的过程中，构成了各种各样的电场。

运行中的导线表面及周围空间存在电场，且属于不均匀电场，导线表面的电场强度高于周围空间的电场强度。影响导线表面及周围空间电场强度的因素是多方面的，主要包括：输电线路运行电压、相间距离与分布、导线对地高度、分裂导线数目、分裂距与子导线的直径、导线表面状况、当地气象条件等。根据理论计算，500kV 系统中若采用 LGJ—300 型导线、四分裂、分裂距 45cm × 45cm，则导线表面最高场强为 1550/2250（有效值 / 峰值）kV/m。

1. 强电场对人体的生态效应

工频强电场对人体的影响，可以分为短时效应和长期效应。工频强电场的长期效应严重，是带电作业人员非常关心的，国际上曾经争论多年。

1982 年，世界健康组织中的关于输电系统产生的电磁场对人体健康影响的工作组织发表如下声明：

①实验研究表明，电场强度至 20kV/m 以内不会有害于健康。

②长期观察高压变电站及输电线路工作人员的身体状况，未发现电磁场对健康的不利影响。

国内权威机构研究结论如下所述：

①当试验装置电场强度为 40kV/m 时（相当于现有输变电站下工作人员所受到的场强值），在生理学上未发现其对动物产生影响。

②当场强提高到 100kV/m 时，就会出现场强对动物生理方面的影响。

③通过动态观察超高压电场作业人员健康状况和研究 500kV 输电线路走廊内卫生学调查结果，未发现有条件下的生态影响。

2. 人体在强电场中的生理感觉

带电作业人员在强电场中时，身体外表会出现不适感觉，这与作业安全直接相关，应引起关注。

（1）电风感觉。人体在强电场中有风吹的感觉，这是因为强电场中的人体会带上感应电荷，而电荷会堆积在表面的尖端部位（如指尖、鼻尖等），使这些尖端部分周围的局部场强得到加强，从而使这里的空气游离，出现离子移动所引起的风，这种“电风”拂过皮肤时人体会感受到一种特有的风吹感。

（2）异声感。在交流电场中，电场强度达到某一数值后，许多人会听到“嗡嗡”声。初步分析认为，“嗡嗡”声的形成缘于交流电场周期变化对耳膜产生某种机械振动。

（3）蛛网感。在强电场中，如果人的面部不加屏蔽，也会产生一种特有的“蛛网感”，面部像粘上了蜘蛛网一样的难受。究其原因，尖端效应使面部的电荷集中到汗毛上，汗毛上的同性电荷所产生的斥力使一根根汗毛竖起，在交流电场中，汗毛的反复竖立，牵动皮肤从而产生一种特有的异样感。

（4）针刺感。当人穿着塑料凉鞋在强电场中的草地上行走时，只要脚下的裸露部分碰到附近的草尖，就会有明显的刺痛感。这是由于人体与大地绝缘，与草尖有电位差，造成草尖与人体放电。

3. 工频电场中的电击

工频电场中的电击分为暂态电击与稳态电击两种。

（1）暂态电击就是在人体接触电场中对地绝缘的导体的瞬间，聚集在导体上的电荷以火花放电的形式通过人体对地突然放电。流过人体的电流是一种频率很高的电流，当电流超过某值时，即对人体造成电击。这种放电电流成分复杂，通常以火花放电的能量来衡量其对人体危害的程度。表 1–1 是人体对暂态电击产生生理反应时的能量阈值。

表 1–1　人体对暂态电击产生生理反应时的能量阈值

生理效应	感知	烦恼	损伤或死亡
能量阈值（mJ）	0.1	0.5~1.5	25000

（2）稳态电击在等电位作业和间接带电作业中，由于人体对地有电容，人体也会受到稳态电容电流等的电击。电击对人体造成损伤的主要因素是流经人体的电流数值。

4. 强电场的防护要求

高压电场中的防护，其目的在于抑制强电场给人体带来的不适感觉，减小工频电场对人体的长期生态效应和短期生态效应。

（1）流经人体的电流控制水平。制定 IEC 标准时，有人曾提出人体电流应控制在 100μA 之内。苏联制定屏蔽服标准时，认为人体位移电流允许值为 60μA，美国提出控制人体的最大电流在 40μA 之内，加拿大提出控制在 50μA 内，我国规定，屏蔽服内流经人体的电流不得大于 50μA。

（2）人体表电场强度的控制水平。如前所述，人体皮肤对表面局部场强的“电场感知水平”为 240kV/m。据研究，人员在地面时，若地面场强为 10kV/m，则头顶最高场强为 135kV/m，小于“电场感知水平”，是足够安全的。带电作业时，在中间电位、等电位或电位转移时，体表场强会远远超过这个值，需要采取防护措施。GB/T 6568《带电作业用屏蔽服装》中规定，人体面部等裸露处的局部场强不得大于 240kV/m。

三、电流的防护

1. 人体对电流的生理反应

人体如被串入闭合的电路中，人体就会有电流通过。人体电阻 R_r 一般按 1000Ω 计算。人体对工频稳态电流的生理反应可分为：感知、震惊、摆脱、呼吸痉挛和心室纤维性颤动，其相应的电流阈值如表 1–2 所示。

表 1–2　人体对工频稳态电流的生理反应阈值（mA）

生理效应	感知	震惊	摆脱	呼吸痉挛	心室纤维性颤动
男性	1.1	3.2	16.0（9.0）	23.0	（100）
女性	0.8	2.2	10.5（6.0）	15.0	（100）

心室纤维性颤动被认为是电击引起死亡的主要原因。但超过摆脱阈值的电流，也可能致命，因为此时人手已不能松开，使电流继续流过人体，引起呼吸痉挛甚至窒息死亡。上述各阈值并非一成不变的，与接触面积、接触条件（湿度、压力、温度）和每个人的生理特性有关；心室纤维性颤动电流阈值与电流的持续时间有密切关系。

此外，人体对直流电流的感知阈值为 5mA（男性为 5.2mA，女性为 3.5mA）；人体对高频电流的感知水平为 0.24A。必须采取各种措施限制通过人体的电流，使其小于引起人体伤害电流的最小值，确保人身安全。由于绝缘工具的电阻远远大于人体电阻，将绝缘工具串联在回路中，利用绝缘工具阻断通过人体的电流。绝缘工具的好坏、通过的电流大小直接影响人体安全。

2. 绝缘工具的泄漏电流

绝缘工具因受潮等原因，其体积电阻率及表面电阻率将可能下降两个数量级，泄漏电流将上升两个数量级，达到毫安级水平，会危及人身安全。因此，保持工具不受潮是非常重要的。

普通绝缘工具在湿度超过 80% 的环境中禁止使用，如需带电作业，则必须使用防潮型绝缘工具（防潮绝缘杆、防潮绳、防潮绝缘毯、防潮绝缘服等）。防潮工具内部、表面经过特殊处理，具有在潮湿气候下仍能保持很小的泄漏电流特性。

3. 绝缘子串的泄漏电流

干燥洁净的绝缘子串电阻很高，单片绝缘子的绝缘电阻在 500MΩ 以上，其电容很小，单片约为50pF，故其阻抗值也很高。绝缘子串的泄漏电流不会超过几十微安。但当绝缘子受到一定程度的污秽，且空气相对湿度较大时，泄漏电流可能达到毫安级。当塔上电工在横担一侧摘除绝缘子挂点时，人体就串入泄漏回路中，泄漏电流将流过人体。

防护措施是先拆开绝缘子串导线侧连接，并将泄漏电流短接入地，再摘挂点。穿屏蔽服，并戴屏蔽手套去摘挂点，也可分流泄漏电流，有效保护人身安全。

4. 在载流设备上工作的旁路电流

等电位作业中，作业人员常接触载流导体或设备，即有负荷电流的导体或设备。在导线上等电位作业时，导线电阻虽然非常小，但导线上负荷电流很大，在某两点（如人体左、右手接触的两点）之间会有电位差，此电位差较小，如果作业人员穿屏蔽服接触两点，流过屏蔽服的电流很小，一般不需要防护。通常称此电流为旁路电流。但在下列情况下，应加以防范：在高阻抗载流体（如阻波器）附近工作；使用引流线短接空载电容电流；使用短路线短接负载线等。

防护的主要措施是使用截面积合格、热容量大的导流设备事先将电流短接过去，使工作区内的阻抗降低，无明显的电位差存在，此时工作就不会发生问题。对断接有较高电位差的电容电流，要避开电弧区，或使用密封的消弧设备，免受飞弧的伤害。

第二节　带电作业基本原理

一、地电位作业的原理及等值电路

1. 地电位作业的原理

人体与带电体保持足够的安全距离，有足够的空气间隙，且采用绝缘性能良好的工具，通过人体的泄漏电流和电容电流都非常小（微安级），这样小的电流对人体毫无影响，足以保证作业人员的安全。地电位作业法为接地体→人体→绝缘体→带电体，人体与接地体基本处于同一电位上，如带电测绝缘子零值、带电挑异物等都属于地电位作业项目。

必须指出的是，绝缘工具的性能直接关系作业人员的安全，如果绝缘工具表面脏污，或者内外表面受潮，泄漏电流将急剧增加。当增加到人体的感知电流以上时，就会发生麻电甚至触电事故。因此，使用绝缘工具时，应保持工具表面干燥清洁，并妥当保管绝缘工具，防止其受潮。另外，对于较高电压等级的作业，由于电场强度高、静电感应严重，还应采取防护电场的措施。如在330kV及以上电压等级的带电线路杆塔上及变电站架构上作业时，地电位作业也应采取防静电感应措施，如需穿静电感应防护服、导电鞋等，220kV线路杆塔上作业时宜穿导电鞋。

2. 地电位作业的等值电路

地电位作业的位置示意及等值电路如图1–1所示。带电作业所用的环氧树脂类绝缘材料的电阻率很高，如3640绝缘管材的体积电阻率在常态下均大于1012Ω·cm。由其制作的工具，其绝缘电阻均在1010~1012Ω。人体与带电体的电容容抗在109Ω左右。间接作业时，当人体与带电体保持安全距离时，流过人体的电流为微安级，远远小于人体电流的感知值lmA，所以带电作业是安全的。

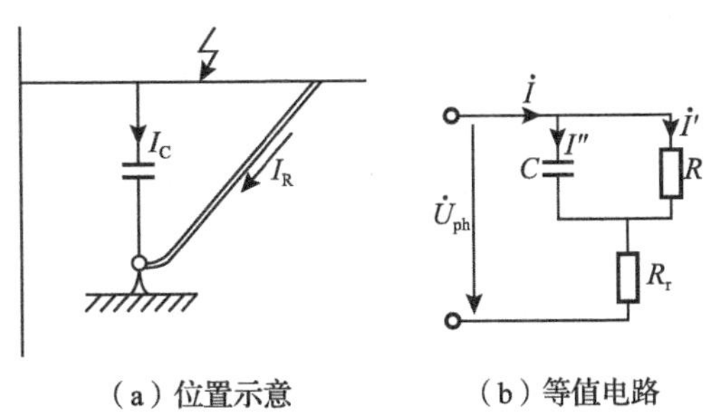

（a）位置示意　　（b）等值电路

图1–1　地电位作业的位置示意及等值电路

二、中间电位作业的原理及等值电路

1. 中间电位作业的原理

当地电位和等电位作业均不能满足作业要求时，可采用中间电位作业法进行作业，中间电位作业法是介于两者之间的一种方法。它要求人体既要与带电体保持一定距离，也要和大地（接地体）保持一定距离。此时人体的电位是介于地电位与带电体的高电位之间的某一个悬浮电位。中间电位作业法为接地体→绝缘体→人体、绝缘体→带电体，人体通过两部分绝缘体分别与接地体和带电体隔开，由两部分绝缘体限制流经人体的电路，所以只要绝缘操作工具和绝缘平台的绝缘水平满足规定，由绝缘操作工具的绝缘电阻和绝缘平台的绝缘电阻组成的绝缘体即可将泄漏电流限制到微安级水平。同时，两段空气间隙达到规定的作业间隙，由两段空气间隙组成的电容回路也可将通过人体的容电流限制到微安级水平。中间电位作业就可以安全进行。由于人体电位高于电位，体表场强相对较高，应采取相应的电场防护措施，防止人体产生不适。

2. 中间电位作业的等值电路

中间电位作业的位置示意及等值电路如图 1-2 所示。

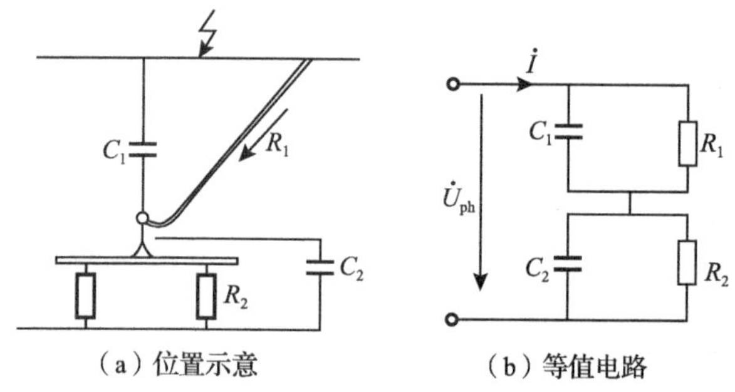

（a）位置示意　　（b）等值电路

图 1-2　中间电位作业的位置示意及等值电路

作业时人体处于地电位与带电体之间的一个悬浮电位，人体只要与带电体和地之间保持足够的绝缘，工作就是安全的。

三、等电位作业的原理及等值电路

1. 等电位作业的原理

等电位作业是作业人员借助绝缘工具使其与带电体处于同一电位的作业。作业时人员必须时刻与带电体保持接触。等电位作业法为接地体→绝缘体→人体和带电体，即人体通过绝缘体与接地体绝缘以后，达到一定的安全距离或一定的绝缘强度，就能直接接触带电体进行工作。绝缘工具仍起限制流经人体电流的作用。当一个导电体的电位相等时，导体中没有电流流过，因此当人体与带电体的电位相等时，人体和带电体形成一个导体，就没有电流流过人体，人体也就不会发生触电事故。所以，如果人体的电位与作业体处于同一电位时，就可以直接进行作业。当带电体及周围的空间电场强度十分强烈，等电位作业人员必须实施可靠的电场防护措施，使体表场强不超过人体的感知水平。

在等电位作业中，最重要的是进入或脱离等电位过程中的安全防护。众所周知，带电导线周围的空间中存在着电场，一般来说，距带电导线的距离越近，空间场强越高。当把一个导电体置于电场之中时，在靠近高压带电体的一面将感应出与带电体极性相反的电荷。当作业人员沿绝缘体进入等电位时，由于绝缘体本身的绝缘电阻足够大，通过人体的泄漏电流将很小。但随着人体逐渐靠近带电体，感应作用越来越强烈，人体与导线之间的局部电场越来越高。当人体与带电体之间距离减小到场强足以使空气发生游离时，带电体与人体之间将发生放电现象。当人手接近带电导线时，会看见电弧和听见“啪啪”的放电声，这是正负电荷中和过程中电能转化成声、光、热能的缘故。人体完全接触带电体后，中和过程完成，人体与带电体达到同一电位。

2. 等电位作业的等值电路

进入电场后稳态的等电位作业位置示意及等值电路如图 1–3 所示。基本上与地电位分析一样，只是绝缘工具和空气间隙在人体与大地之间。只要绝缘工具良好，空气间隙足够，其流经人体电流也就极小，远远小于人体感知电流值，作业是安全的。

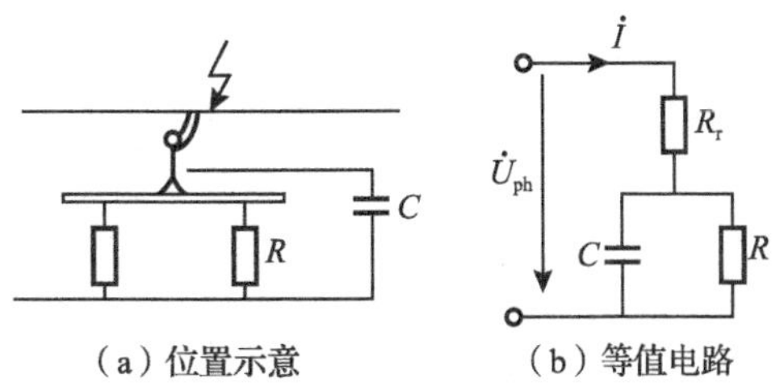

图 1–3 等电位作业的位置示意及等值电路

第三节 常用带电作业工器具

一、绝缘绳索

绝缘绳索是带电作业中常用的重要的绝缘材料之一。目前使用的绝缘绳索按照材料划分，主要分为天然纤维绝缘绳索和合成纤维绝缘绳索两类，绝缘绳索均为多股单纱捻制而成。天然纤维绝缘绳索应以脱胶不少于25%，洁白、无杂质、长纤维的蚕丝为原料；合成纤维绝缘绳索应以聚己内酰胺（锦纶6）等或其他满足电气、机械性能及防老化要求的其他合成纤维为原材料。2002年以后，又有通过表面处理的防潮绝缘绳，防潮绝缘绳较普通绝缘绳增加了防潮功能，可以在潮湿的天气中使用。绝缘绳按用途划分，可以分为传递绳、承力绳、吊拉绳、控制绳、测距绳、保护绳等。根据编制工艺划分，绝缘绳可分为编织绝缘绳、绞制绝缘绳和套织绝缘绳。

二、绝缘滑车（组）

绝缘滑车在带电作业工作中应用范围非常广，起吊绝缘子串、带电作业工器具和等电位作业人员进入电场，以及作业力转向、换向均需使用绝缘滑车。绝缘滑车的吊钩、吊环、中轴、吊轴、吊梁、联结轴、联结板、尾绳环可选用45号钢，其中吊钩、吊梁应选用合金结构钢（40Cr）制成，如使用吨位较小的吊钩也可使用绝缘钩。护板、隔板、拉板、加强板选用3240板制成。滑轮采用聚酰胺1010树脂制成。

根据GB/T 13034《带电作业用绝缘滑车》的规定，绝缘滑车分为十六种型号。按照滑轮数划分，绝缘滑车分为单轮、双轮、三轮、四轮四个类型。10kV以上的绝缘滑车又分为长、短两种钩型，长钩型可直接挂在横担上。

三、绝缘梯

（1）绝缘小座梯（座椅、吊篮）。绝缘小座梯是进入电场的一种轻便的装置，座椅和吊篮与之相同。但从轻、小角度看，小梯较好，目前使用较多。等电位电工坐登在小梯子的中间较宽横梁上，由固定在横担上的绝缘滑车，通过绝缘绳将其放至导线处，或将其脱离导线退出电场。

（2）绝缘软梯。绝缘软梯是由绝缘绳、绝缘管制成，顶端有软梯架（头）。软梯架的作用是通过它可将软梯挂在导线或横担上。通过软梯等电位电工爬上或爬下进出电场。此梯适应强、质量轻、便于携带，长短不受限制，从而得以广泛应用。绝缘软梯的加工工艺对作业人员安全非常重要，曾因软梯挂环脱落发生事故，选用时必须高度重视。现软梯织制工艺有S型对穿式、

X 型对穿式、I 型直穿式、H 型套织式等。

（3）绝缘挂梯。挂梯是用 3640 的空芯圆管制成的。更换直线绝缘子时，将绝缘挂梯挂在靠横担侧组装的滑杆上，利用此梯顶端安装的挂钩和滑轮，沿滑杆滑至导线侧，以进入电场。

（4）绝缘平梯。绝缘平梯以杆塔为依托，一端用钩直接挂导线，或用绝缘绳悬吊塔上适当位置，使其端部接近导线；另一端或梯的中部用绝缘绳悬吊在塔上适当位置的绝缘水平硬梯。其材料为椭圆形空心绝缘管或槽形绝缘板。此梯长度可为 6~7m，但不便携带，可做成多节组合梯。

（5）独脚梯。独脚梯由 2~3 节圆形绝缘管组成，全长 7~8m。由于有些独脚梯下面安装多对踏脚钉，整体又似蜈蚣，故又称为“蜈蚣梯”。将独脚梯顶端装在横担的绝缘子串挂点附近或横担与塔身相连处，等电位电工站在梯子的下端，在地电位电工配合下，以独脚梯顶端为圆心，以梯长为半径，使等电位电工到达导线侧进入电场。

四、绝缘子卡具

绝缘子卡具有闭式卡具、耐张端头卡具、直线卡具、大刀卡具和通用卡具。

（1）闭式卡具与双行程的普通丝杆或省力丝杆配套，可更换耐张或直线绝缘子串间的单片绝缘子。其前后卡具分别与耐张端头卡具的后、前卡配套，则可更换耐张或直线绝缘子串两端的绝缘子。

（2）耐张端头卡具。前、后卡具与绝缘承力拉杆（板）、丝杆串联后，将其分别组装在与绝缘子串两端连接的金具上，来更换耐张整串绝缘子。

（3）直线卡具。卡在直线联板上，两侧用绝缘承力拉杆（板）和单行程丝杆，来更换直线整串绝缘子。

（4）大刀卡具。卡在直线或直线转角悬挂双串绝缘子的两端联板一侧，与单行程丝杆、绝缘承力拉杆（板）串联来更换双串绝缘子中的一串绝缘子。

（5）通用卡具。此卡是根据线路绝缘子两端连接金具的特点设计的。

它适用于直线不同的联板，也适用于耐张绝缘子两端连接的金具。因此，只使用此种工具便可代替更换直线绝缘子的导线钩和上述耐张卡具，故称为“通用卡具”。这样可以简化更换绝缘子的金属工具。

应该注意，铝合金材料 LC4 虽然是机械性能和机械加工性能较好，但其抗疲劳性能、耐热性等较差，并且有明显的应力集中和应力敏感性。所以，设计加工及使用中应注意：安全系数宜取大些；工具的工作截面过渡部分的设计力求平缓过渡，半径 R 应大于 2mm，使用温度不得超过 120℃。另外，进行例行机械试验时，不得多次增加超过规定的荷载。为了提高工具表面耐腐蚀性能，带电作业工具出厂前均进行阳极化处理，在表面形成一层人工氧化膜，因此使用带电作业工具时，应妥善保管工具，严防碰撞。

五、个人防护装备

1. 屏蔽服

根据 GB/T 6568—2008《带电作业用屏蔽服》的规定，带电作业用屏蔽服分为两种类型：交流 110（66）kV~500kV、直流 ±500kV 及以下电压等级的屏蔽服为Ⅰ型，屏蔽效率高，载流容量小；交流 750kV 电压等级屏蔽服为Ⅱ型。

屏蔽服的性能指标分布料和成衣两部分。其中，成衣指标如下所述。

（1）上衣、裤子、手套、短袜，分别测量任意两个最远端点之间的电阻值，均不得大于 15Ω。

（2）整套服装：各最远端点之间的电阻值不得大于 20Ω。在规定的使用电压等级下，衣服胸前、背后处以及帽内头顶处等三个部位的体表场强均不得大于 15kV/m。人体外露部位（如面部）的体表局部场强不得大于 240kV/m。屏蔽服内流经人体的电流不得大于 50μA。

（3）对屏蔽服通以规定的工频电流，并经一定时间的热稳定后，其任何部位的温升不得超过 50℃。

2. 导电鞋和导电眼镜

导电鞋是用导电胶做底，底面衬以屏蔽布料，再引出一根金属线与屏蔽裤的加筋线相连，使屏蔽服对人体形成一个完整的屏蔽面，并实现了有效的接地。

导电鞋的电阻值均不得大于 500Ω。

导电眼镜是在镜片上喷涂一层透明的导电膜。需注意的是，眼镜的镜架、镜片必须全部喷镀，使其连成一体，以免出现电位差，造成对脸部或耳部的电击。

3. 静电防护服

静电防护服的防护等级比屏蔽服低，它所用的金属纤维较屏蔽服少，经纬密度稀，屏蔽效率较低。主要供登塔、巡视（变电和线路）的作业人员使用。

根据保护人身安全要求，推荐采用下列指标的静电防护服。

· 布料：屏蔽效率 28dB；

· 电阻：300Ω；

· 成衣：整套衣服电阻 1000Ω；

· 衣内电场强度≤ 15kV/m；

· 衣内流经人体电流≤ 5μA。

第四节　带电作业工具的试验、使用和保管

一、带电作业工具的试验

带电作业工具的试验是检验工具是否合格的唯一可靠手段，即使周密设计的工具，也必须通过试验才能做出合格与否的结论。这是因为工具在制作、运输和保管储存等环节中，都可能留下意想不到的缺陷，这些缺陷大多数只能通过试验才会暴露出来。

带电作业绝缘工具的试验标准主要依据有：GB 13398《带电作业用空心绝缘管、泡沫填充绝缘管和实心绝缘棒》，GB/T 13035《带电作业用绝缘绳索》，GB 26859《电力安全工作规程　电力线路部分》，DL/T 878《带电作业用绝缘工具试验导则》，DL/T 976《带电作业工具、装置和设备预防性试验规程》，Q/GDW 1799.2《国家电网公司电力安全工作规程　线路部分》。

1. 电气试验

带电作业工具预防性试验不得分段进行，必须按有效绝缘长度整根进行。检查性试验可以分段进行。

带电作业绝缘工具检查性试验的条件，是将绝缘工具分成若干段进行工频耐压试验，每 300mm 耐压 75kV，时间为 1min，以无击穿、无闪络及过热为合格。试验要求、试验布置同电气预防性试验。检查性试验不得代替预防

性试验，预防性试验可以代替检查性试验。

2. 机械试验

（1）在工作负荷状态承担各类线夹和连接金具荷重时，应按有关金具标准进行试验。

（2）在工作负荷状态承担其他静荷载时，应根据设计荷载，按 DL/T 875《输电线路施工机具设计、试验基本要求》的规定进行试验。

（3）在工作负荷状态承担人员操作荷载时：

①静荷重试验：1.2 倍额定工作负荷下持续 1min，工具无变形及损伤者为合格。

②动荷重试验：1.0 倍额定工作负荷下操作 3 次，工具灵活、轻便、无卡住现象为合格。

3. 带电作业工具的试验周期

带电作业工具应定期进行电气试验及机械预防性试验，试验周期如下所述。

（1）电气试验：预防性试验每年 1 次，检查性试验每年 1 次，两次试验间隔为半年。

（2）机械预防性试验：绝缘工具的机械预防性试验每年 1 次，金属工具是两年 1 次。

二、常用带电作业工具的使用

使用带电作业工具时，应掌握以下基本要点：工具的使用范围，在何种电气装备上使用及限制，以及有关环境或作业方法；工具使用前的检查，以确保工具（电气和机械性能）完好；工具是否在预防性试验周期内。

1. 屏蔽服

使用前应用万用表和专用电极（每个电极重 1kg，底面接触面积为 $1cm^2$）进行测量。测量方法是将被测屏蔽服套在普通布工作服上，各单个间连接好，再将两个电极分别垂直平放在各被测点上，检测手套与短袜及帽子与短袜间的电阻。测点位置应位于接缝边缘及分流连接线 30mm 处。整套衣服任何两个最远端点间的电阻值均不得大于标准规定值。需要说明的是，使用专用电极检测整套衣服的电阻只有在对整套服装使用安全性有怀疑时才进行。一般只要检查外观，没有破损和断裂即可。

使用时必须注意：各单位之间（指帽、衣、手套、裤、袜或导电鞋）必须连接可靠；冬季应穿在棉衣外面；穿阻燃内衣；屏蔽帽必须正确使用，做到帽檐不上翘，尽可能多地屏蔽裸露在外的脸部，否则面部场强将急剧增加。

2. 绝缘杆件

绝缘杆件必须试验合格后方可使用，严禁使用不合格的绝缘杆件。绝缘杆件必须适用于所操作设备的电压等级，且核对无误后才能使用。使用前，必须对绝缘杆件的外观进行检查，不能有裂纹等外部损伤；并用干燥洁净的软布擦拭绝缘杆件的表面，减少表面脏污造成的泄漏电流；使用时要尽量减少对绝缘杆的弯曲力，以防损坏杆体。

3. 绝缘绳

使用绝缘绳前，必须进行外观检查，严防金属丝物夹带缠绕；绝缘绳试验合格后方可使用，严禁使用不合格的绝缘绳；须根据工作荷载选用绝缘绳索的种类和直径；须根据环境湿度选择防潮绝缘绳；脏污严重的绝缘绳严禁在带电作业中使用。

4. 承力绝缘工具

使用承力绝缘工具前，必须进行外观检查，外观上不能有裂纹等损伤；使用承力绝缘工具前，还需检查连接件情况，确保其牢固可靠。

5. 检测设备

检测前，应详细阅读检测设备说明书，熟练掌握检测设备的操作方法。检测时首先检查检测设备，保证检测设备的完好性，从而保证测量的准确性。

6. 防护设备

使用防护设备前，必须检查防护设备的外观，不能有破损、划伤或变质；检查设备是否在试验周期内，并且检验合格，否则不得使用。

三、带电作业工具的保管

（1）带电作业工具应存放于通风良好、清洁干燥的专用工具房内。工具房的门窗应密闭严实，地面、墙面及顶面应采用不起尘、阻燃材料制作。室内的相对湿度应保持在50%~70%。室内温度应略高于室外，且不宜低于0℃。

（2）带电作业工具房进行室内通风时，应在干燥的天气进行，并且室外的相对湿度不应高于75%。通风结束后，应立即检查室内的相对湿度，并加以调控。

（3）带电作业工具房应配备湿度计、温度计、抽湿机（数量以满足要求为准）、辐射均匀的加热器、足够的工具摆放架、吊架和灭火器等。

（4）带电作业工具应统一编号、专人保管、登记造册，并建立试验、检修、使用记录。

（5）有缺陷的带电作业工具应及时修复，不合格的予以报废，禁止继续使用。

（6）高架绝缘斗臂车应存放在干燥通风的车库，其绝缘部分应有防潮措施。

（7）带电作业工具应绝缘良好、连接牢固、转动灵活，并按厂家使用说明书、现场操作规程正确使用。

（8）带电作业工具使用前应根据工作负荷校核机械强度，并满足规定的安全系数。

（9）带电作业工具在运输过程中，带电绝缘工具应装在专用工具袋、工具箱或专用工具车内，以防受潮和损伤。发现绝缘工具受潮或表面有损伤、脏污时，应及时处理，试验或检测合格后方可使用。

（10）进入作业现场应将使用的带电作业工具放置在防潮的帆布或绝缘垫上，防止绝缘工具在使用中受潮。

（11）使用带电作业工具前，仔细检查确认工具没有损坏、受潮、变形、失灵，否则禁止使用。并使用2500V及以上绝缘电阻表或绝缘检测仪进行分段绝缘检测（电极宽2cm，极间宽2cm），阻值应不低于700MΩ。操作绝缘工具时，应戴清洁、干燥的手套。

第五节　现场标准化作业指导书（现场执行卡）的编制与应用

编制和执行现场标准化作业指导书是实现现场标准化作业的具体形式和方法，作业指导书是对每一项作业按照全过程控制的要求，对作业计划、准备、实施、总结等环节，明确具体操作的方法、步骤、措施、标准和人员责任，依据工作流程组合成的执行文件。

现场标准化作业指导书突出安全和质量两条主线，对现场作业活动的全过程进行细化、量化、标准化，保证作业过程中的安全和质量处于“可控、在控”状态，达到事前管理、过程控制的要求和预控目标。

实行现场标准化作业指导书，重点解决现场作业危险点分析不全面、控制措施落实不到位、工作随意等问题，进一步规范人员的作业行为，保证作业全过程的安全、质量。

一、现场标准化作业指导书（现场执行卡）的编制原则和依据

1. 编制原则

按照电力安全生产有关法律法规、技术标准、规程规定的要求和国家电网有限公司相关规定，现场标准化作业指导书的编制应遵循以下原则。

（1）坚持“安全第一、预防为主、综合治理”的方针，体现“凡事有人负责、凡事有章可循、凡事有据可查、凡事有人监督”的原则。

（2）符合安全生产法规、规定、标准、规程的要求，具有实用性和可操作性。概念清楚、表达准确、文字简练、格式统一，且含义具有唯一性。

（3）现场作业指导书的编制应依据生产计划和现场作业对象的实际，进行危险点分析，制定相应的防范措施。体现对现场作业的全过程控制，体现对设备及人员行为的全过程管理。

（4）现场作业指导书应在作业前编制，注重策划和设计，量化、细化、标准化每项作业内容。集中体现工作（作业）要求具体化、工作人员明确化、工作责任直接化、工作过程程序化，做到作业有程序、安全有措施、质量有标准、考核有依据，并起到优化作业方案、提高工作效率、降低生产成本的作用。

（5）现场作业指导书应以人为本，贯彻安全生产健康环境质量管理体系（SHEQ）的要求，应规定保证本项作业安全和质量的技术措施、组织措施、工序及验收内容。

（6）现场作业指导书应结合现场实际由专业技术人员编写，由相应的主管部门审批，编写、审核、批准和执行应签字齐全。

2. 编制依据

（1）安全生产法律法规、规程、标准及设备说明书。

（2）缺陷管理、反措要求、技术监督等企业管理规定和文件。

二、输电线路标准化作业指导书编写要求与内容

1. 编写要求

（1）作业指导书应正确完整，确保技术先进可靠和良好的可操作性。主体部分包括作业顺序（流程图）、作业步骤（操作过程和方法）及安全、项目、工艺要求及质量标准等相关要求。

（2）作业指导书应明确该项作业所形成的结果（质量）记录。

（3）结构严谨，层次清晰、编号正确，语言应准确、清楚、简洁，避免模棱两可的措辞。

此外，涉及安全、卫生、环境保护和技术方面的要求时，应明确具体的技术指标，且能检验、测量或验证。

2. 编写内容

（1）目的。

（2）范围。

（3）规范性引用文件。

（4）支持文件。

（5）包装定义，作用，功能和分类（方法在作业步骤中会有详细的图文说明）。

（6）安全及预控措施。

（7）部门定义。

（8）工作中心的作业周期。

（9）设备及主要参数。

（10）作业准备。

（11）工作流程（流程图、操作过程、方法、常见问题和解决方法）及各个工作中心的操作标准、安全、项目、工艺要求及质量标准等。

（12）作业后的验收、交接、保存。

现场标准化作业指导书（现场执行卡）范例见附录A。

三、现场标准化作业指导书（现场执行卡）的编制

根据《输变电设备现场标准化作业管理规定》，按照“简化、优化、实用化”的要求，现场标准化作业根据不同的作业类型，采用风险控制卡、工序

质量控制卡，重大检修项目应编制施工方案。风险控制卡、工序质量控制卡统称“现场执行卡”。

现场执行卡的编写和使用应遵守以下原则。

（1）符合安全生产法规、规定、标准、规程的要求，具有实用性和可操作性。内容应简单、明了、无歧义。

（2）应针对现场和作业对象的实际，进行危险点分析，制定相应的防范措施，体现对现场作业的全过程控制，对设备及人员行为实现全过程管理，不能简单照搬照抄范本。

（3）现场执行卡的使用应体现差异化，根据作业负责人技能等级区别使用不同级别的现场执行卡。

（4）应重点突出现场安全管理，强化作业中工艺流程的关键步骤。

（5）原则上，凡使用工作票的停电检修作业，应同时对应每份工作票编写和使用一份现场执行卡。对于部分作业指导书包括的复杂作业，也可根据现场实际需要对应一份或多份现场执行卡。

（6）涉及多专业的作业，各有关专业要分别编制和使用各自专业的现场执行卡，现场执行卡在作业程序上应能实现相互之间的有机结合。

（7）各类现场作业指导书应有编号，且具有唯一性和可追溯性。

输电线路现场执行卡采用分级编制的原则，根据工作负责人的技能水平和工作经验使用不同等级的现场执行卡。设定工作负责人等级区分办法，根据各工作负责人的技能等级和工作经验及能力综合评定，并每年审核下发负责人等级名单。工作负责人应依据单位认定的技能等级采用相应的现场执行卡。

四、现场标准化作业指导书（现场执行卡）的应用

现场标准化作业对列入生产计划的各类现场作业均必须使用经过批准的现场标准化作业指导书（现场执行卡）。各单位在遵循现场标准化作业基本原则的基础上，根据实际情况对作业指导书（现场执行卡）的使用作出明确规定，并可以采用必要的方便现场作业的措施。

（1）现场标准化作业指导书（现场执行卡）使用前必须进行专题学习和培训，保证作业人员熟练掌握作业程序和各项安全、质量要求。

（2）在现场作业实施过程中，工作负责人对现场标准化作业指导书（现

场执行卡）按作业程序的正确执行负全面责任。工作负责人应亲自或指定专人按现场执行步骤填写、逐项打钩和签名，不得跳项和漏项，并做好相关记录。有关人员必须履行签字手续。

（3）依据现场标准化作业指导书（现场执行卡）开展工作的过程中，如发现与现场实际、相关图纸及有关规定不符等情况时，工作负责人应根据现场实际情况及时修改现场标准化作业指导书（现场执行卡），并经现场标准化作业指导书（现场执行卡）审批人同意后，方可继续按现场标准化作业指导书（现场执行卡）进行作业。作业结束后，现场标准化作业指导书（现场执行卡）审批人应履行补签字手续。

第二章

保证安全的组织措施和技术措施

第一节　保证安全的组织措施

在电力线路上工作，保证安全的组织措施包括现场勘察制度、工作票制度、工作许可制度、工作监护制度、工作间断制度、工作终结和恢复送电制度。

一、现场勘察制度

（1）进行电力线路施工作业、工作票签发人或工作负责人认为有必要现场勘察的检修作业，施工、检修单位均应根据工作任务组织现场勘察，并填写现场勘察记录。现场勘察由工作票签发人或工作负责人组织进行。

（2）现场勘察应查看现场施工（检修）作业需要停电的范围、保留的带电部位和作业现场的条件、环境及其他危险点等。根据现场勘察结果，对危险性、复杂性和困难程度较大的作业项目，单位应编制组织措施、技术措施、安全措施，经本单位批准后执行。

二、工作票制度

工作票制度是保证安全的组织措施的核心，工作票是许可在电力线路上工作的书面命令，是明确有关人员的安全责任、实施保证安全的技术措施、履行工作许可、工作间断和办理工作终结手续等组织措施的书面凭证。

在电力线路上的带电作业工作，应按要求填用电力线路带电作业工作票。

（一）工作票的适用范围

表 2-1 在带电线路杆塔上工作与带电导线最小安全距离

电压等级（kV）	安全距离（m）	电压等级（kV）	安全距离（m）
交流线路			
10 及以下	0.7	330	4.0
20、35	1.0	500	5.0
66、110	1.5	750	8.0
220	3.0	1000	9.5
直流线路			
±50	1.5	±660	9.0
±500	6.8	±800	10.1

填用带电作业工作票的工作为：带电作业或与邻近带电设备距离小于表 2-1、大于表 2-2 规定的工作。

（二）工作票的填写与签发

（1）工作票应用黑色或蓝色的钢笔（水笔）或圆珠笔填写与签发，一式两份，内容应正确，填写应清楚，不得任意涂改。如有个别错字、漏字需要修改时，应使用规范的符号，字迹应清楚。

（2）用计算机生成或打印的工作票应使用统一的票面格式。工作票签发人审核无误，手写签名或电子签名后方可执行。

工作票一份交给工作负责人，一份留存在工作票签发人或工作许可人处。工作票应提前交给工作负责人。

（3）一张工作票中，工作票签发人和工作许可人不得兼任工作负责人。

（4）工作票由工作负责人填写，也可由工作票签发人填写。

（5）工作票由设备运维管理单位签发，也可由经设备运维管理单位审核合格且经批准的检修及基建单位签发。检修及基建单位的工作票签发人、工作负责人名单应事先送有关设备运维管理单位、调度控制中心（调控中心）备案。

（6）承发包工程中，工作票可实行“双签发”形式。签发工作票时，双方工作票签发人在工作票上分别签名，各自承担安规中工作票签发人相应的安全责任。

（三）工作票的使用

（1）带电作业工作票，对同一电压等级、同类型、相同安全措施且依次进行的带电作业，可在数条线路上共用一张工作票。

工作期间，工作票应始终保留在工作负责人手中。

（2）一个工作负责人不能同时执行多张工作票。若一张工作票下设多个小组工作，每个小组应指定小组负责人（监护人），并使用工作任务单。

工作任务单一式两份，由工作票签发人或工作负责人签发，一份由工作负责人留存，一份交小组负责人执行。工作任务单由工作负责人许可。工作结束后，小组负责人交回工作任务单，向工作负责人办理工作结束手续。

（3）持线路或电缆工作票进入变电站或发电厂升压站进行架空线路、电缆等工作，应增添工作票份数，由变电站或发电厂工作许可人许可，并留存。

上述单位的工作票签发人和工作负责人名单应事先送有关运维管理单位备案。

（四）工作票的有效期与延期

（1）带电作业工作票的有效时间，以批准的检修期为限。

（2）带电作业工作票不准延期。

（五）工作票所列人员的基本条件

（1）工作票签发人应由熟悉人员技术水平、熟悉设备情况、熟悉 Q/GDW 1799.2《国家电网公司电力安全工作规程线路部分》（以下简称《安规》），并具有相关工作经验的生产领导人、技术人员或经本单位批准的人员担任。工作票签发人名单应公布。

（2）工作负责人（监护人）、工作许可人应有一定工作经验、熟悉《安规》、熟悉工作范围内的设备情况，并经专业室（中心）批准的人员担任。工作负责人还应熟悉工作班成员的工作能力。

用户变压器、配电站的工作许可人应是持有效证书的高压电气工作人员。

（3）专责监护人应是具有相关工作经验、熟悉设备情况和《安规》的人员。

（六）工作票所列人员的安全责任

1. 工作票签发人

（1）确认工作必要性和安全性。

（2）确认工作票上所填安全措施是否正确完备。

（3）确认所派工作负责人和工作班人员是否适当和充足。

2. 工作负责人（监护人）

（1）正确组织工作。

（2）检查工作票所列安全措施是否正确完备，是否符合现场实际条件，必要时予以补充完善。

（3）工作前，告知工作班成员工作任务、安全措施，进行技术措施交底和危险点告知，并确认每个工作班成员都已签名。

（4）组织执行工作票所列安全措施。

（5）监督工作班成员遵守《安规》、正确使用劳动防护用品和安全工器具以及执行现场安全措施。

（6）关注工作班成员身体状态和精神状态是否出现异常迹象，人员变动是否合适。

3. 工作许可人

（1）审票时，确认工作票所列安全措施是否正确完备，对工作票所列内容有疑问时，应向工作票签发人询问清楚，必要时予以补充。

（2）保证其负责的许可工作的命令正确。

（3）确认由其负责的安全措施正确实施。

4. 专责监护人

（1）明确被监护人员和监护范围。

（2）工作前，对被监护人员交代监护范围内的安全措施，告知危险点和安全注意事项。

（3）监督被监护人员遵守《安规》和执行现场安全措施，及时纠正被监护人员的不安全行为。

5. 工作班成员

（1）熟悉工作内容、工作流程，掌握安全措施，明确工作中的危险点，并在工作票上履行交底确认手续。

（2）服从工作负责人（监护人）、专职监护人的指挥，严格遵守《安规》和劳动纪律，在确定的工作范围内工作，对自己在工作中的行为负责，互相关心工作安全。

（3）正确使用施工机具、安全工器具和劳动防护用品。

三、工作许可制度

工作许可制度是指工作许可人负责审查工作票所列安全措施是否正确完备、是否符合现场条件，负责完成施工现场的安全措施后，会同工作负责人到工作现场所做的一系列证明、交代、提醒和签字，而准许检修工作开始的过程。因此，工作许可制度是规范审查工作任务必要性，保障许可命令正确和安全措施落实的规定。

（1）带电作业工作负责人在带电作业工作开始前，应与值班调度员联系。需要停用重合闸的作业，应由值班调度员履行许可手续。带电作业终止后应及时向值班调度员汇报。

（2）值班调度人员在向工作负责人发出许可工作的命令前，应将工作班组名称、数目、工作负责人姓名、工作地点和工作任务做好记录。

（3）许可开始工作的命令，应通知工作负责人。方式可采用当面通知、电话下达、派人送达。

（4）电话下达工作命令时，工作许可人和工作负责人应记录清楚明确，并复诵核对无误。对直接在现场许可的带电作业工作，工作许可人和工作负责人应在工作票上记录许可时间，并签名。

四、工作监护制度

工作监护制度是在现场工作中，对安全、技术等措施执行力度的监督，是监护人在作业过程中不断地严格监督和保护作业人员，以便及时纠正作业人员的一切不安全行为和错误。特别是在靠近有电部位和转移工作时，监护作用更为重要。

（1）工作许可手续完成后，工作负责人、专责监护人应向工作班成员交代工作内容、人员分工、带电部位和现场安全措施，告知危险点，并履行确认手续，装完工作接地线后，工作班方可工作。工作负责人、专责监护人应始终在工作现场。

（2）工作票签发人或工作负责人对有触电危险、施工复杂、容易发生事故的工作，应增设专责监护人和确定被监护的人员。

专责监护人不能兼做其他工作。专责监护人临时离开时，应通知被监护人员停止工作或离开工作现场，待专责监护人回来后方可恢复工作。若专责监护人必须长时间离开工作现场时，应由工作负责人变更专责监护人，履行变更手续，并告知全体被监护人员。

（3）工作期间，工作负责人若因故暂时离开工作现场，应指定能胜任的人员临时代替，离开前应将工作现场交代清楚，并告知全体工作班成员。原工作负责人返回工作现场时，也应履行同样的交接手续。

若工作负责人必须长时间离开工作现场，应由原工作票签发人变更工作负责人，履行变更手续，并告知全体作业人员及工作许可人。原、现工作负责人应做好必要的交接手续。

（4）工作班成员的变更，应经工作负责人、专责监护人的同意，并在工作票上做好变更记录；中途新加入的工作班成员，应由工作负责人、专责监护人对其进行安全交底并履行确认手续。

五、工作间断制度

工作间断是工作过程中，因需要补充营养、休息或天气变化等原因，工作人员从工作现场撤出而停止一段时间的情况。工作间断主要有当日间断和隔日工作间断。

（1）工作中遇雷、雨、大风或其他任何情况威胁到作业人员的安全时，工作负责人或专责监护人可根据情况，临时停止工作。

（2）如果工作班必须暂时离开工作地点，应采取安全措施和派人看守，不让人、畜接近挖好的基坑或未竖立稳固的杆塔以及负载的起重和牵引机械装置等。恢复工作前，应重新检查、检测屏蔽服与绝缘工器具等各项安全措施的完整性。

六、工作终结和恢复送电制度

（1）完工后，工作负责人（包括小组负责人）应检查线路检修地段的状况，确认在杆塔上、导线上、绝缘子串上及其他辅助设备上没有遗留工具、材料等，查明全部工作人员确由杆塔上撤下后，不准任何人再登杆进行工作。

多个小组工作，工作负责人应得到所有小组负责人工作结束的汇报。

（2）工作终结后，工作负责人应及时报告工作许可人，报告的方式有：当面报告；电话报告时，工作许可人应复诵无误。

若有其他单位配合停电线路，还应及时通知指定的配合停电设备运维管理单位联系人。

（3）工作终结的报告应简明扼要，包括下列内容：工作负责人姓名，某线路上某处（说明起止杆塔号、分支线名称等）工作已经完工，设备改动情况，线路上已无本班组作业人员和遗留物，可以恢复重合闸或直流线路再启动功能。

（4）工作许可人接到所有工作负责人（包括用户）的完工报告，并确认全部工作已经完毕，所有作业人员已由线路上撤离，与记录核对无误并做好记录后，方可下令拆除安全措施，向线路恢复重合闸或直流线路再启动功能。

（5）已终结的带电作业工作票应保存一年。

第二节　保证安全的技术措施

一、保证安全的安全距离要求

（1）进行地电位带电作业时，人身与带电体间的安全距离不能小于表 2–2 的规定。35kV 及以下的带电设备不能满足表 2–2 规定的最小安全距离时，应采取可靠的绝缘隔离措施。

表 2–2　带电作业时人身与带电体的安全距离

电压等级（kV）	10	35	66	110	220	330	500	750	1000	±400	±500	±660	±800
距离（m）	0.4	0.6	0.7	1.0	1.8（1.6）①	2.6	3.4（3.2）②	5.2（5.6）③	6.8（6.0）④	3.8⑤	3.4	4.5⑥	6.8

注：表 2–2 中的数据是根据线路带电作业安全要求提出的。

① 220kV 带电作业安全距离因受设备限制达不到 1.8m 时，经单位批准，并采取必要的措施后，可采用括号内 1.6m 的数值。

②海拔 500m 以下，500kV 取值为 3.2m，但不适用于 500kV 紧凑型输电线路。海拔在 500~1000m 时，500kV 取值为 3.4m。

③直线塔边相或中相值。5.2m 为海拔 1000m 以下值，5.6m 为海拔 2000m 以下值。

④此为单回输电线路数据，括号中数据 6.0m 为边相，6.8m 为中相。表 2–2 中的数值不包括人体占位间隙，作业中需考虑人体占位间隙不得小于 0.5m。

⑤ ±400kV 数据是按海拔 3000m 校正的，海拔为 3500m、4000m、4500m、5000m、5300m 时最小安全距离依次为 3.9m、4.1m、4.3m、4.4m、4.5m。

⑥ ±660kV 数据是按海拔 500~1000m 校正的，海拔 1000~1500m、1500~2000m 时最小安全距离依次为 4.7m、5.0m。

（2）绝缘操作杆、绝缘承力工具和绝缘绳索的有效绝缘长度不能小于表 2–3 的规定。

表 2–3　绝缘工具最小有效绝缘长度

电压等级（kV）	有效绝缘长度（m）	
	绝缘操作杆	绝缘承力工具、绝缘绳索
10	0.7	0.4
35	0.9	0.6
66	1.0	0.7
110	1.3	1.0
220	2.1	1.8
330	3.1	2.8
500	4.0	3.7
750	5.3	5.3
	绝缘工具最小有效绝缘长度（m）	
1000	6.8	
±400	3.75①	
±500	3.7	
±660	5.3	
±800	6.8	

①±400kV 数据是按海拔 3000m 校正的，海拔为 3500m、4000m、4500m、5000m、5300m 时最小有效绝缘长度依次为 3.9m、4.1m、4.25m、4.4m、4.5m。

（3）带电更换绝缘子或在绝缘子串上作业，应保证作业中良好绝缘子片数不少于表 2–4 的规定。

表 2-4　良好绝缘子最少片数

电压等级（kV）	35	66	110	220	330	500	750	1000	±500	±660	±800
片数	2	3	5	9	16	23	25①	37②	22③	25④	32⑤

①海拔 2000m 以下时，750kV 良好绝缘子最少片数，应根据单片绝缘子高度按照良好绝缘子总长度不小于 4.9m 确定，由此确定 XWP-300 绝缘子（单片高度为 195mm），良好绝缘子最少片数为 25 片。

②海拔 1000m 以下时，1000kV 良好绝缘子最少片数，应根据单片绝缘子高度按照良好绝缘子总长度不小于 7.2m 确定，由此确定（单片高度为 195mm），良好绝缘子最少片数为 37 片。表中数值不包括人体占位间隙，作业中需考虑人体占位间隙不得小于 0.5m。

③单片高度 170mm。

④海拔 500~1000m 时，±660kV 良好绝缘子最少片数，应根据单片绝缘子高度按照良好绝缘子总长度不小于 4.7m 确定，由此确定（单片绝缘子高度为 195mm），良好绝缘子最少片数为 25 片。

⑤海拔 1000m 以下时，±800kV 良好绝缘子最少片数，应根据单片绝缘子高度按照良好绝缘子总长度不小于 6.2m 确定，由此确定（单片绝缘子高度为 195mm），良好绝缘子最少片数为 32 片。

（4）等电位作业人员对相邻导线的距离应不小于表 2-5 的规定。

表 2-5　等电位作业人员对邻相导线的最小距离

电压等级（kV）	35	66	110	220	330	500	750
距离（m）	0.8	0.9	1.4	2.5	3.5	5.0	6.9（7.2）①

① 6.9 为边相值，7.2 为中相值。表 2-5 中的数值不包括人体活动范围，作业中需考虑人体活动范围不得小于 0.5m。

（5）等电位作业人员在绝缘梯上作业或者沿绝缘梯进入强电场时，其与接地体和带电体两部分间隙所组成的组合间隙不得小于表 2-6 的规定。

表 2-6　等电位作业中的最小组合间隙

电压等级（kV）	66	110	220	330	500	750	1000	±400	±500	±600	±800
距离（m）	0.8	1.2	2.1	3.1	3.9	4.9①	6.9（6.7）②	3.9③	3.8	4.3④	6.6

① 4.9 为直线塔中相值。表 2-6 中的数值不包括人体占位间隙，作业中需考虑人体占位间隙不得小于 0.5m。

② 6.9 为中相值，6.7 为边相值。表 2-6 中的数值不包括人体占位间隙，作业中需考虑人体占位间隙不得小于 0.5m。

③ ±400kV 数据是按海拔 3000m 校正的，海拔为 3500m、4000m、4500m、5000m、5300m 时，最小组合间隙依次为 4.15m、4.35m、4.55m、4.8m、4.9m。

④海拔 500m 以下，±660kV 取 4.3m 值；海拔 500~1000m、1000~1500m、1500~2000m 时，最小组合间隙依次为 4.6m、4.8m、5.1m。

等电位作业人员沿绝缘子串进入强电场的作业，一般在 220kV 及以上电压等级的绝缘子串上进行。其组合间隙不准小于表 2–6 的规定。若不满足表 2–6 的规定，应加装保护间隙。扣除人体短接的和零值的绝缘子片数后，良好绝缘子片数不得小于表 2–4 的规定。

（6）等电位作业人员转移电位前，应得到工作负责人的许可。转移电位时，人体裸露部分与带电体的距离不应小于表 2–7 的规定。750kV、1000kV 等电位作业应使用电位转移棒进行电位转移。

表 2–7　等电位作业转移电位时人体裸露部分与带电体的最小距离

电压等级（kV）	35、66	110、220	330、500	±400、±500	750、1000
距离（m）	0.2	0.3	0.4	0.4	0.5

（7）等电位作业人员与地电位作业人员传递工具和材料时，应使用绝缘工具或绝缘绳索，其有效长度不得小于表 2–3 的规定。

（8）带电断、接空载线路时，如使用消弧绳，则其断、接空载线路的长度不应大于表 2–8 的规定，且作业人员与断开点应保持 4m 以上的距离。

表 2–8　使用消弧绳时，其断、接空载线路的最大长度

电压等级（kV）	10	35	66	110	220
长度（km）	50	30	20	10	3

注：线路长度包括分支在内，但不包括电缆线路。

（9）保护间隙的距离应按表 2–9 的规定进行界定。

表 2–9　保护间隙整定值

电压等级（kV）	220	330	500	750	1000
间隙距离（m）	0.7~0.8	1.0~1.1	1.3	2.3	3.6

注：330kV 及以下保护间隙提供的数据是圆弧形，500kV 及以上保护间隙提供的数据是球形。

（10）检测 35kV 及以上电压等级的绝缘子串时，当发现同一串中的零值绝缘子片数达到表 2–10 的规定时，立即停止检测。

表 2-10　一串中允许零值绝缘子片数

电压等级（kV）	35	66	110	220	330	500	750	1000	±500	±660	±800
绝缘子串片数	3	5	7	13	19	28	29	54	37	50	58
58 零值片数	1	2	3	5	4	6	5	18	16	26	27

注：如绝缘子串的片数超过表 2-10 的规定时，零值绝缘子允许片数可相应增加。

二、其他保证安全的技术措施

1. 等、地电位带电作业

（1）等电位作业一般在 66kV、±125kV 及以上电压等级的电力线路和电气设备上进行。若需在 35kV 电压等级进行等电位作业时，应采取可靠的绝缘隔离措施。20kV 及以下电压等级的电力线路和电气设备上不准进行等电位作业。

（2）等电位作业人员应在衣服外面穿合格的全套屏蔽服（包括帽、衣裤、手套、袜和鞋，750kV、1000kV 等电位作业人员还应戴面罩），且各部分应连接良好。屏蔽服内还应穿着阻燃内衣。

禁止通过屏蔽服断、接接地电流、空载线路和耦合电容器的电容电流。

（3）沿导线、地线上悬挂的软梯、硬梯或飞车进入强电场的作业应遵守下列规定。

①在连续档距的导线、地线上挂梯（或飞车）时，其导线、地线的截面不准小于：钢芯铝绞线和铝合金绞线 120mm^2；钢绞线 50mm^2（等同 OPGW 光缆和配套的 LGJ-70/40 导线）。

②有下列情况之一者，验算合格并经本单位分管生产的领导（总工程师）批准后才能进行：

· 在孤立档的导线、地线上的作业。

· 在有断股的导线、地线和锈蚀的地线上的作业。

· 在①条以外的其他型号导线、地线上的作业。

· 两人以上在同档同一根导线、地线上的作业。

③在导线、地线上悬挂梯子、飞车进行等电位作业前，应检查本档两端

杆塔处导线、地线的紧固情况。挂梯载荷后，应保持地线及人体对下方带电导线的安全间距比表 2–2 中的数值增大 0.5m；带电导线及人体对被跨越的电力线路、通信线路和其他建筑物的安全距离应比表 2–2 中的数值增大 1m。

④在瓷横担线路上禁止挂梯作业，在转动横担的线路上挂梯前应将横担固定。

（4）等电位作业人员在作业中禁止用酒精、汽油等易燃品擦拭带电体及绝缘部分，防止起火。

2. 带电断、接引线

（1）带电断、接空载线路，应遵守下列规定。

①带电断、接空载线路时，应确认线路的另一端断路器（开关）和隔离开关（刀闸）确已断开，接入线路侧的变压器、电压互感器确已退出运行后，方可进行。

禁止带负荷断、接引线。

②带电断、接空载线路时，作业人员应戴护目镜，并采取消弧措施。消弧工具的断流能力应与被断、接的空载线路电压等级及电容电流相适应。如使用消弧绳，则其断、接的空载线路的长度不应大于表 2–8 的规定，且作业人员与断开点应保持 4m 以上的距离。

③查明线路确无接地、绝缘良好、线路上无人工作且相位确定无误后，方可进行带电断、接引线。

④带电接引线时未接通相的导线及带电断引线时已断开相的导线将因感应而带电。为防止电击，应采取措施后才能触及。

⑤禁止同时接触未接通的或已断开的导线两个断头，以防人体串入电路。

（2）禁止用断、接空载线路的方法使两电源解列或并列。

（3）带电断、接耦合电容器时，应将其接地刀闸合上、停用高频保护和信号回路。被断开的电容器应立即对地放电。

（4）带电断、接空载线路、耦合电容器、避雷器、阻波器等设备引线时，应采取防止引流线摆动的措施。

3. 保护间隙

（1）保护间隙的接地线应用多股软铜线，其截面应满足接地短路容量的要求，但不小于 $25mm^2$。

（2）保护间隙的距离应按表 2–9 的规定进行整定。

（3）使用保护间隙时，应遵守下列规定。

①悬挂保护间隙前，应与调控人员联系停用重合闸或直流线路再启动功能。

②悬挂保护间隙应先将其与接地网可靠接地，再将保护间隙挂在导线上，并使其接触良好。拆除的程序与其相反。

③保护间隙应挂在相邻杆塔的导线上，悬挂后，应派专人看守，在人、畜通过的地区，还应增设围栏。

④装、拆保护间隙的人员应穿全套屏蔽服。

4. 带电检测绝缘子

使用火花间隙检测器检测绝缘子时，应遵守下列规定。

①检测前，应对检测器进行检测，保证操作灵活，测量准确。

②针式绝缘子及少于 3 片的悬式绝缘子不准使用火花间隙检测器进行检测。

③检测 35kV 及以上电压等级的绝缘子串时，当发现同一串中的零值绝缘子片数达到表 2-10 的规定时，应立即停止检测。

④直流线路不采用带电检测绝缘子的检测方法。

⑤带电检测绝缘子应在干燥天气下进行。

第三章

作业安全风险辨识评估与控制

第一节　概　述

为贯彻落实公司安全生产工作部署，践行“人民至上、生命至上”理念，企业应深刻吸取近年来安全事故教训，聚焦人身风险，进一步加强生产现场作业风险管控，提升现场作业安全水平。本章依据《国网设备部关于进一步强化生产现场作业风险防控的通知》（设备技术〔2022〕75号）和《输电现场作业风险管控实施细则（试行）》，综合考虑设备、电网风险，坚持“源头防范、分级管控”，推行“一表一库”（作业风险分级表和检修工序风险库），结合三级生产管控中心建设，构建生产现场作业“五级五控”风险防控体系（即：Ⅰ至Ⅴ级作业风险；总部、省公司、地市级单位、县公司级单位、班组及供电所五级管控），持续提升生产现场作业安全水平，全面增强作业人员安全意识、作业风险辨识能力和现场安全管控水平（“三提高”），确保不发生生产作业现场人身伤亡事故、恶性误操作事件以及运维检修管理责任的设备故障跳闸（临停）事件（“三不发生”）。

阐述作业项目安全风险控制的职责与分工、计划编制、风险识别、评估定级、现场实施等要求，遵循“全面评估、分级管控”的工作原则，并依托安全生产风险管控平台（简称“平台”，含移动App）实施全过程管理，形成“流程规范、措施明确、责任落实、可控在控”的安全风险管控机制。

作业项目安全风险管控流程包括计划管理、风险辨识、风险评估、风险公示、风险控制、检查与改进等环节。

安监部门负责建立健全本单位作业风险评估、管控及督查工作机制；组织、协调和督导本单位作业风险管控工作，对所属单位作业风险评估定级、公示、管控措施的制定和落实情况开展监督检查和评价考核，牵头组织风险管控工作督查会议。

运检、营销、建设、调控中心等专业部门负责组织本专业作业计划编制、风险评估定级、管控措施落实等工作；按要求组织开展到岗到位工作；参加风险管控工作督查会议。

二级机构（工区、项目部）负责组织实施作业风险管控工作，编制并上报作业计划，按照批复的作业计划组织落实风险预控、作业准备、作业实施、到岗到位等环节的安全管控措施和要求。

班组负责落实现场勘察、风险评估、“两票”执行、班前（后）会、安全交底、作业监护等安全管控措施和要求。

作业风险管控工作流程如图 3–1 所示。

第二节 作业安全风险辨识评估与控制

一、作业风险分级

统筹考虑多维度风险因素，建立现场作业风险分级表和典型作业风险库，切实指导现场组织管理和关键环节管控，促进“五级五控”机制落实。

（一）作业风险分级表

按照设备电压等级、作业范围、作业内容对带电作业进行分类，在突出人身安全风险的基础上，综合考虑作业管控难度、工艺技术难度等因素，建立作业风险分级表（见表 3–1），作业风险分为Ⅰ ~ Ⅴ五个等级，对应风险由高到低，用于指导现场作业组织管理。

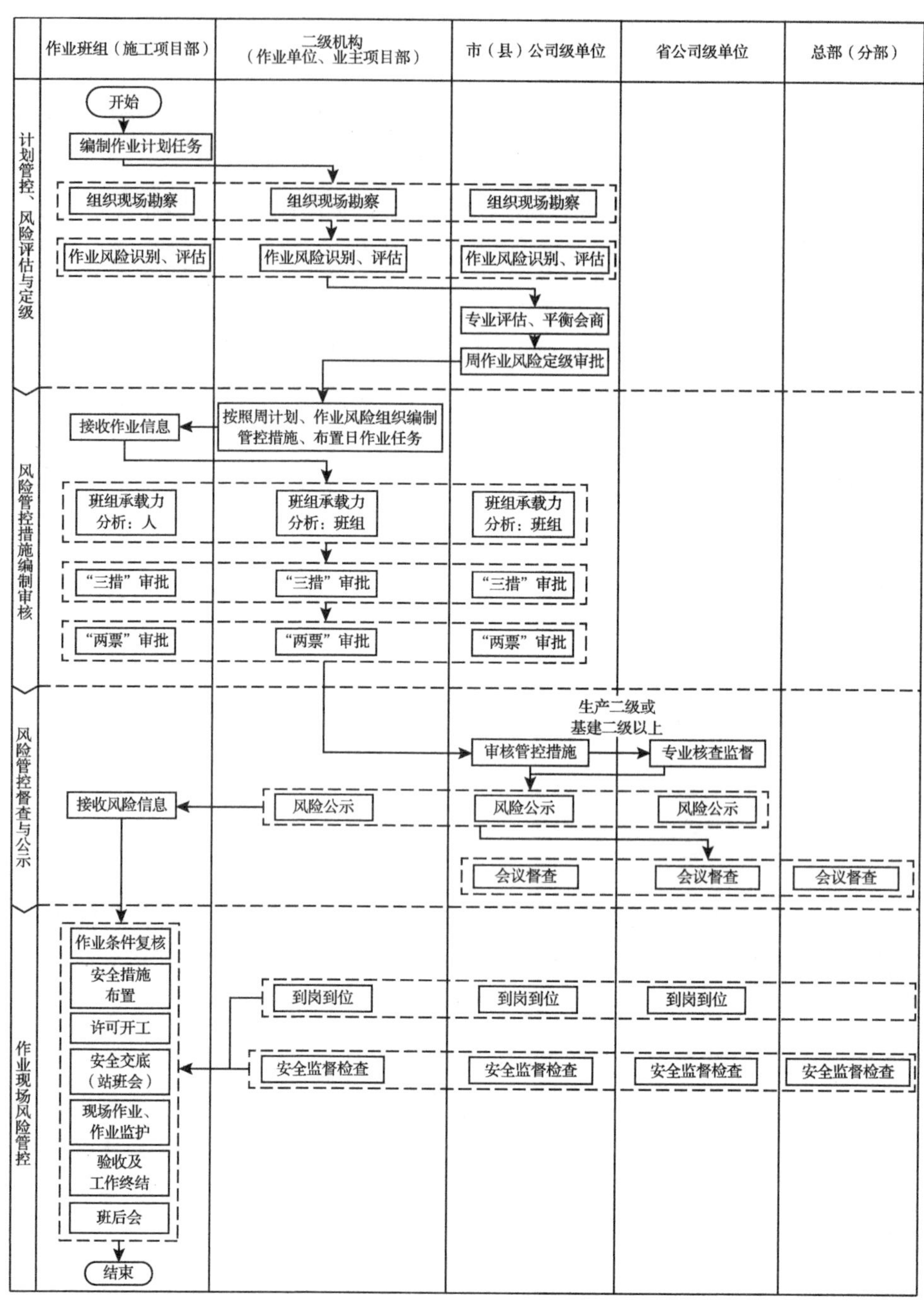

图 3-1　作业风险管控工作流程

表 3-1　作业风险分级表

序号	设备电压等级	作业内容	风险因素评级	综合评级
1	±800（1000、±1100）kV	等电位更换整串绝缘子或新工艺首次应用	人身安全风险：1 级 安全管控难度：2 级 工艺技术难度：1 级	Ⅰ级
2	±800（1000、±1100）kV	等电位更换悬垂串，中间电位更换耐张单片绝缘子	人身安全风险：2 级 安全管控难度：4 级 工艺技术难度：2 级	Ⅱ级
3	500kV 及以上	500kV 及以上电网“新技术、新工艺、新设备、新材料”应用的首次作业	/	Ⅱ级
4	500（±400、±500、±660）kV、750kV	等电位更换整串绝缘子或新工艺首次应用	人身安全风险：1 级 安全管控难度：3 级 工艺技术难度：2 级	Ⅲ级
5	500（±400、±500、±660）kV、750kV	等电位更换悬垂串，中间电位更换耐张单片绝缘子	人身安全风险：2 级 安全管控难度：2 级 工艺技术难度：3 级	Ⅲ级
6	330kV 及以下	330kV 及以下电网“新技术、新工艺、新设备、新材料”应用的首次作业	/	Ⅲ级
7	220（330）kV	等电位更换整串绝缘子或新工艺首次应用	人身安全风险：1 级 安全管控难度：2 级 工艺技术难度：3 级	Ⅲ级
8	220（330）kV	等电位更换悬垂串	人身安全风险：2 级 安全管控难度：2 级 工艺技术难度：3 级	Ⅲ级
9	110（66）kV	等电位更换整串绝缘子或新工艺首次应用	人身安全风险：1 级 安全管控难度：2 级 工艺技术难度：3 级	Ⅲ级
10	110（66）kV	等电位更换悬垂串	人身安全风险：3 级 安全管控难度：2 级 工艺技术难度：3 级	Ⅲ级

每个风险因素等级评价主要内容具体如下所述。

1. 人身安全风险

聚焦防人身伤害，依据作业中存在的高空坠落、机械伤害、触电、气体中毒等人身伤害因素数量，进行人身安全风险评价。涉及带电作业、同塔双回（多回）线路单回停电作业、深基坑作业、电缆有限空间作业、交跨带电线路和恶劣天气作业时，作业人员的人身安全风险要提级管控。

2. 作业管控难度

聚焦交圈地带作业等高风险环节，依据参检单位或人员数量、现场作业面数量等进行作业管控难度评价。涉及夜间、高温严寒、高海拔和跨越等条件下作业或作业区段跨一级及以上公路、二级以上铁路、重要输电通道、主通航河流、海上主航道等重要跨越物时，其作业管控难度提级。

3. 工艺技术难度

聚焦设备检修质量，依据作业类型、电压等级、工艺要求、工序复杂程度进行工艺技术难度等级评价。涉及抱杆组立杆塔、搭设跨越架作业、更换特高压线路整串耐张绝缘子、带电作业、海底电缆等作业时，其工艺技术难度提级。

（二）典型作业风险库

考虑不同作业类型特点，分析实施过程存在的安全、质量风险，制定对应管控措施，形成典型作业风险库（见表 3-2 和表 3-3），便于作业风险按日动态更新、统计，指导关键环节的管控。

表 3-2　输电线路带电作业安全风险辨识内容（公共部分）

序号	辨识项目	辨识内容
1	气象条件	①雷电、雪、雹、雨、雾等 ②风力大于 5 级或湿度大于 80%
2	作业人员	①作业人员有妨碍高空作业的病症 ②作业人员连续工作、疲劳困乏或情绪异常 ③作业人员资质
3	外来人员	对外来人员进行安全教育和告知现场危险点
4	安全工器具	①工器具的试验，铭牌、标签是否齐全 ②工器具的使用荷载与作业实际荷载是否相符 ③绝缘工器具作业前的检查，绝缘电阻测量 ④屏蔽服的电阻测量
5	安全措施	①后备保护绳（长腰带）的长度是否根据现场作业实际选用 ②各种安全距离是否足够

表 3-3 典型作业风险库——带电作业

序号	设备	工作内容	风险类型	风险等级	风险防范措施	质量管控措施
1	架空输电线路	进出强电场	组合间隙不足导致人员触电	高	（1）带电作业应在现场实测相对湿度不大于 80% 的良好天气下进行，如遇雷、雨、雪、雾不得进行带电作业；风力大于 5 级（10m/s）时不宜进行带电作业 （2）杆塔上作业人员必须穿合格的全套屏蔽服，且各部分应连接好，屏蔽服任意两点之间电阻值均不得大于 20Ω。与带电体保持安全距离 （3）使用专用绝缘检测仪对绝缘工具进行分段绝缘检测，阻值应不低于 700MΩ，操作绝缘工具时应戴清洁、干燥的手套 （4）等电位作业人员对接地体的距离应不小于规定的最小安全距离 （5）等电位作业人员进入强电场时，与接地体和带电体两部分间隙组成的组合间隙不准小于规定的最小组合间隙 （6）等电位作业人员沿耐张绝缘子串进入强电场之前应先使用绝缘子检测装置对绝缘子进行检测，并确保完好绝缘子数量高于安规要求 （7）等电位作业人员在电位转移前，应得到工作负责人的许可，转移电位时，人体裸露部分与带电体的距离不应小于规定的最小距离 （8）等电位作业人员与地电位作业人员传递工具和材料时，应使用绝缘工具或绝缘绳索，其有效长度不应小于规定的最小有效绝缘长度	执行《送电线路带电作业技术导则》（DL/T 966—2005）、《±500kV直流输电线路带电作业技术导则》（DL/T 881—2019）等规程规范要求

续表

序号	设备	工作内容	风险类型	风险等级	风险防范措施	质量管控措施
2	架空输电线路	中间电位作业	组合间隙不足导致人员触电	高	详细编制带电作业方案，校核验算组合间隙，作业过程中严格控制作业半径，确保作业过程组合间隙满足要求	执行《送电线路带电作业技术导则》（DL/T 966—2005）、《±500kV直流输电线路带电作业技术导则》（DL/T 881—2019）等规程规范要求
3	架空输电线路	操作工器具	有效绝缘距离不足、绝缘强度不足	高	（1）定期对绝缘工器具进行试验，科学规范保养 （2）合理选用并正确使用绝缘工器具，保证有效绝缘距离	执行《送电线路带电作业技术导则》（DL/T 966—2005）、《±500kV直流输电线路带电作业技术导则》（DL/T 881—2019）等规程规范要求
4	架空输电线路	直升机带电作业	直升机故障、吊挂脱落、组合间隙不足导致人员触电	高	（1）直升机带电作业应在现场实测相对湿度不大于80%的良好天气下进行，如遇雷、雨、雾不得进行带电作业；风力大于3级（5m/s）时不宜进行带电作业 （2）等电位作业人员必须穿合格的全套屏蔽服，且各部分应连接好，屏蔽服任意两点之间电阻值均不得大于20Ω。与带电体保持安全距离	

续表

序号	设备	工作内容	风险类型	风险等级	风险防范措施	质量管控措施
4	架空输电线路	直升机带电作业	直升机故障、吊挂脱落、组合间隙不足导致人员触电	高	（3）使用专用绝缘检测仪对绝缘工具进行分段绝缘检测，阻值应不低于 700MΩ，操作绝缘工具时应戴清洁、干燥的手套 （4）等电位作业人员对接地体的距离应不小于规定的最小安全距离 （5）等电位作业人员进入强电场时，与接地体和带电体两部分间隙组成的组合间隙不小于规定的最小组合间隙 （6）航务人员与等电位作业人员、工作负责人使用空地 131 通话系统 （7）作业前应检查直升机机腹载人吊钩释放性能，并通过规格、材质符合要求的强力封闭环与绳索连接，主钩连接绳索长度与副钩连接绳索长度比例应符合相关规定；同时吊挂重量要满足直升机允许吊量 （8）直升机吊挂人员及吊篮离地时，应确认载人吊钩、绳索、人员之间等连接可靠 （9）直升机降落时，地面作业人员利用接地线应对直升机及吊挂设备进行放电	执行《送电线路带电作业技术导则》（DL/T 966—2005）、《直升机电力作业安全工作规程》（Q/GDW 10908—2016）、《架空输电线路直升机带电作业技术导则》（DL/T 1720—2017）、《±500kV 直流输电线路带电作业技术导则》（DL/T 881—2019）、《直升机电力作业安全规程　第 4 部分：带电作业》（MH/T 1064.4—2017）等规程规范要求

（三）专业部分典型作业类型

部分典型作业风险辨识内容及典型控制措施见表 3–4、表 3–5、表 3–6 和表 3–7。

表 3–4　带电更换绝缘子（串）作业风险辨识内容及典型控制措施

序号	辨识项目	辨识内容	典型控制措施
1	攀登杆塔	（1）攀登前未核对线路双重命名及色标，误登杆塔触电伤害	攀登杆塔前，应仔细核对线路双重命名，经小组负责人确认后方可上塔
		（2）登杆及杆上移动作业，措施不力，处理不当造成的高处坠落	①登杆前，应检查杆根、拉线、登高工具（脚扣、安全带等），确保安全、合格、合适 ②严禁攀登不稳固、有断杆危险的杆塔，禁止利用绳索、拉线上下杆塔或顺杆下滑；冬季登杆还应采取防滑措施。只有在杆基回填土全部夯实，或有可靠临时固定措施时，方可上杆塔。必要时，应采取有效安全措施 ③杆塔上转移作业位置时，不得失去安全带保护。严禁携带器材、重物等上下杆塔或位移。电杆上有人工作，不得调整或拆除拉线
		（3）攀登过程中遭遇小动物侵袭，如马蜂等	①上杆塔前，应检查作业路线及作业点处有无野蜂，若遇野蜂袭击，应立即用衣物保护好自己的头颈，原地不动。不要试图反击，待野蜂找不到目标飞走时，方能攀登 ②上下杆塔遇到意外时应冷静，在安全带的保护下处理意外 ③现场配备必备的防护药品
		（4）500kV 带电杆塔上作业未穿屏蔽服、导电鞋	在 500kV 带电杆塔上作业必须穿全套合格的屏蔽服、导电鞋
2	杆塔上作业	（1）杆塔上转位失去保险带而高空坠落	系好双保险安全带，移动转位保持有安全带保护
		（2）转移电位时，零值或劣值绝缘子过多，造成触电事故	检测绝缘子时，良好绝缘子片数（扣除零值、劣值和被短接的绝缘子）不得少于《安规》相应电压等级良好绝缘子片数要求，否则立即停止作业

续表

序号	辨识项目	辨识内容	典型控制措施
2	杆塔上作业	（3）转移电位时，屏蔽服不合格，造成触电事故	330kV 及以上线路，塔上人员必须穿戴合格的屏蔽服
		（4）转移电位时，作业组合间隙过小	等电位电工组合间隙的距离保持大于《安规》相应电压等级最小组合间隙的要求
		（5）转移电位时，人体裸露部分与带电体距离不满足要求造成电击	人体裸露部分与带电体的距离不应小于 0.4m（500kV）、0.3m（220kV 及以下）
		（6）进行更换绝缘子（串）的作业时，失去安全带保护，造成高空坠落	①等电位作业人员安全带系在非更换串侧导线上 ②绝缘长腰绳不能布置在待更换串侧，且不能穿过绝缘子串及导线下方，并尽量收短 ③安全带不能系在更换串上，绝缘传递绳不能挂在更换串上 ④不能跨坐两串绝缘子上操作；作业人员采取“跨二短三”方式由绝缘子串进、出电位，动作要规范，幅度不能过大
		（7）进行更换绝缘子（串）的作业时，带电作业距离达不到要求	作业人员对带电体（接地体）保持足够的安全距离
		（8）进行更换绝缘子（串）的作业时，作业过程中线路突然停电	在带电作业过程中，如遇线路突然停电，作业人员应视线路仍然带电，工作负责人应尽快与调控中心联系，调控中心未与工作负责人取得联系前，不得强送电
		（9）进行更换绝缘子（串）的作业时，高处作业措施不完善，违章抛掷等造成坠物伤人	①电杆上作业时，应防止掉东西，工器具、材料等应放在工具袋内，工器具的传递要使用传递绳 ②高处作业垂直下方区域应装设围栏，且垂直下方严禁站人，其他人员应远离杆高 1.2 倍以外
		（10）地面配合绞磨伤人	①人员不能逗留在牵引绳内角侧，转向滑车处要对牵引绳作后备保护 ②绞磨操作员不能戴手套

续表

序号	辨识项目	辨识内容	典型控制措施
3	现场环境	（1）杆塔、脚钉、爬梯等设施表面有异物造成高处坠落	①上下杆塔或高处作业前，应检查杆塔、脚钉、爬梯及设施表面有无冰雪、青苔、油污等异物，并根据实际，采取有效清除措施 ②上下杆塔或在高处位移时，应有防止高空坠落的后备保护，并穿软底鞋防滑 ③攀登无脚钉、爬梯且表面附有易滑物的混凝土电杆时，应使用登高板，并采取防滑措施
		（2）夜间高处作业现场照明不足造成坠落	①正确配置合格、合适、照度满足要求的移动应急照明工器具，确保其完备、完好 ②作业时，现场应保证至少有两套移动应急照明工器具
		（3）恶劣天气高处作业，造成的高处坠落	①遇有6级及以上大风、雷雨、大雾等极端恶劣天气时，不得进行高空露天作业 ②在 -10℃以下气温时，不宜进行高处作业，确需工作时，应采取保暖措施，并控制时间在1h以内。冰冻天气下进行高处作业前，应先采取铲除覆冰或融冰等有效防滑措施 ③高温时段不宜进行室外高处作业，确需工作的，应采取相应的防暑降温措施，并根据实际情况，控制高空作业时间
		（4）其他意外	做好防护措施，预防滑出作业平台或踩空坠落等造成人员摔伤

表3-5 带电更换金具（悬垂线夹、防振锤、间隔棒）及附件作业风险辨识内容及典型控制措施

序号	辨识项目	辨识内容	典型控制措施
1	攀登杆塔	（1）攀登前未核对线路双重命名及色标，误登杆塔触电伤害	攀登杆塔前，应仔细核对线路双重命名，经小组负责人确认后方可上塔

续表

序号	辨识项目	辨识内容	典型控制措施
1	攀登杆塔	（2）登杆塔及在杆塔上移动作业，措施不力、处理不当造成的高处坠落	①登杆前，应检查杆根、拉线、登高工具（脚扣、安全带等），确保安全、合格、合适 ②严禁攀登不稳固、有断杆危险的杆塔，禁止利用绳索、拉线上下杆塔或顺杆下滑；冬季登杆还应采取防滑措施。只有在杆基回填土全部夯实，或有可靠临时固定措施时，方可上杆塔。必要时，应采取有效安全措施 ③杆塔上转移作业位置时，不得失去安全带保护。严禁携带器材、重物等上下杆塔或位移。电杆上有人工作，不得调整或拆除拉线
		（3）攀登过程中遭遇小动物侵袭，如马蜂等	①上杆塔前，应检查作业路线及作业点处有无野蜂，若遇野蜂袭击。应立即用衣物保护好自己的头颈，原地不动。不要试图反击，待野蜂找不到目标飞走时，方能攀登 ②上下杆塔遇到意外时应冷静，在安全带保护下进行处理 ③现场配备必备的防护药品
		（4）在带电杆塔上作业未穿屏蔽服、导电鞋	在330kV及以上电压等级线路带电杆塔上作业必须穿全套合格的屏蔽服、导电鞋
2	杆塔上作业	（1）杆塔上转位失去保险带高空坠落	系好双保险安全带，移动转位保持有安全带保护
		（2）转移电位时，零值或劣值绝缘子过多，造成触电事故	检测绝缘子时，良好绝缘子片数（扣除零值、劣值和被短接的瓷瓶）不得少于《安规》相应电压等级良好绝缘子片数的要求，否则立即停止作业
		（3）转移电位时，屏蔽服不合格，造成触电事故	塔上人员必须穿戴合格的屏蔽服
		（4）转移电位时，作业组合间隙过小	等电位电工组合间隙的距离保持大于《安规》相应电压等级最小组合间隙的要求

续表

序号	辨识项目	辨识内容	典型控制措施
2	杆塔上作业	（5）转移电位时，人体裸露部分与带电体距离不满足要求造成电击	人体裸露部分与带电体的距离不应小于 0.4m（500kV）、0.3m（220kV 及以下）
		（6）带电更换作业时，上下绝缘子串及在导线上工作时失去保险带高空坠落	系好双保险安全带，任何时候都不能失去安全带保护
		（7）带电更换作业时，带电作业距离达不到要求	作业人员对带电体（接地体）保持足够的安全距离
		（8）带电更换作业过程中线路突然停电	带电作业过程中，如遇线路突然停电，作业人员应视线路仍然带电，工作负责人应尽快与调控中心联系，调控中心未与工作负责人取得联系前，不得强送电
		（9）带电更换作业时，高处作业措施不完善，违章抛掷等造成坠物伤人	①电杆上作业防止掉东西，工器具、材料等应放在工具袋内，工器具的传递要使用传递绳 ②高处作业垂直下方区域应装设围栏，且垂直下方严禁站人，其他人员应远离杆高 1.2 倍以外
		（10）地面配合绞磨伤人	①人员不能逗留在牵引绳内角侧，转向滑车处要对牵引绳作后备保护 ②绞磨操作员不能戴手套
3	现场环境	（1）杆塔、脚钉、爬梯等设施表面有异物，造成高处坠落	①上下杆塔或高处作业前，应检查杆塔、脚钉、爬梯及设施表面有无冰雪、青苔、油污等异物，并根据实际，采取有效措施清除 ②上下杆塔或在高处位移时，应有防止高空坠落的后备保护，并穿软底鞋防滑 ③攀登无脚钉、爬梯，且表面附有易滑物的混凝土电杆时，应使用登高板，并采取防滑措施

续表

序号	辨识项目	辨识内容	典型控制措施
3	现场环境	（2）夜间高处作业现场照明不足造成坠落	①正确配置合格、合适、照度满足要求的移动应急照明工器具，确保其完备、完好 ②作业时，现场应保证至少有两套移动应急照明工器具
		（3）恶劣天气高处作业，造成的高处坠落	①遇有6级及以上大风、雷雨、大雾等极端恶劣天气时，不得进行高空露天作业 ②在-10℃以下气温时，不宜进行高处作业，确需工作时，应采取保暖措施，并控制时间在1h以内。冰冻天气进行高处作业前，应先采取铲除覆冰或融冰等有效防滑措施 ③高温时段不宜进行室外高处作业，确需工作时，应采取相应的防暑降温措施，并根据实际情况，控制高空作业时间
		（4）其他意外	做好防护措施，预防滑出作业平台或踩空坠落等造成人员摔伤

表3-6　带电导线连接器过热处理、断、接引线作业风险辨识内容及典型控制措施

序号	辨识项目	辨识内容	典型控制措施
1	攀登杆塔	（1）攀登前未核对线路双重命名及色标，误登杆塔触电伤害	攀登杆塔前，应仔细核对线路双重命名，经小组负责人确认后方可上塔
		（2）登杆塔及杆塔上移动作业，措施不力、处理不当造成的高处坠落	①登杆前，应检查杆根、拉线、登高工具（脚扣、安全带等），确保安全、合格、合适 ②严禁攀登不稳固、有断杆危险的杆塔，禁止利用绳索、拉线上下杆塔或顺杆下滑；冬季登杆还应采取防滑措施。只有在杆基回填土全部夯实，或有可靠临时固定措施时，方可上杆塔。必要时，应采取有效安全措施 ③杆塔上转移作业位置时，不得失去安全带保护。严禁携带器材、重物等上下杆塔或位移。电杆上有人工作，不得调整或拆除拉线

续表

序号	辨识项目	辨识内容	典型控制措施
1	攀登杆塔	(3)攀登过程中遭遇小动物侵袭，如马蜂等	①上杆塔前，应检查作业路线及作业点处有无野蜂，若遇野蜂袭击。应立即用衣物保护好自己的头颈，原地不动。不要试图反击，待野蜂找不到目标飞走时，方能攀登 ②上下杆塔遇到意外时应冷静，在安全带保护下进行处理 ③现场配备必备的防护药品
		(4)带电杆塔上作业未穿屏蔽服、导电鞋	在330kV及以上电压等级线路带电杆塔上作业必须穿全套合格的屏蔽服、导电鞋
2	杆塔上作业	(1)杆塔上转位失去保险带高空坠落	系好双保险安全带，移动转位保持有安全带保护
		(2)转移电位时，零值或劣值绝缘子过多，造成触电事故	检测绝缘子时，良好绝缘子片数（扣除零值、劣值和被短接的绝缘子）不得少于《安规》相应电压等级良好绝缘子片数的要求，否则立即停止作业
		(3)转移电位时，屏蔽服不合格，造成触电事故	塔上人员必须穿戴合格的屏蔽服
		(4)转移电位时，作业组合间隙过小	等电位电工组合间隙的距离保持大于《安规》相应电压等级最小组合间隙的要求
		(5)转移电位时，人体裸露部分与带电体距离不满足要求造成电击	人体裸露部分与带电体的距离不应小于0.4m（500kV）、0.3m（220kV及以下）
		(6)感应电刺激	在330kV及以上电压等级的线路杆塔上作业，应采取防静电感应措施，如穿静电感应防护服、导电鞋等
		(7)绝缘工具失效造成触电	①应定期试验合格 ②运输过程中妥善保管，避免受潮 ③使用时，操作人员应戴防汗手套，并注意保持足够的有效绝缘长度 ④现场使用前，应用绝缘测试仪检查其绝缘电阻不小于700MΩ

续表

序号	辨识项目	辨识内容	典型控制措施
2	杆塔上作业	（8）空气间隙击穿造成触电	①作业前应确认空气间隙满足安全距离的要求，对于无法确认的，应现场实测确认后，方可进行作业 ②等电位电工进电场过程中应尽量缩小身体的活动范围，以免造成组合间隙不足
		（9）导线连接器过热处理时造成烫伤	等电位电工在作业过程中应避免直接接触发热点，防止烫伤
		（10）导线连接器过热处理时造成电弧灼伤	等电位电工进电场作业前，应判断连接点过热后金属熔化或退火的情况，如果温度过高应申请减少线路输送负荷，防止作业过程中连接点突然断开后电弧伤人
		（11）高处作业措施不完善，违章抛掷等造成坠物伤人	①电杆上作业防止掉东西，工器具、材料等应放在工具袋内，工器具的传递要使用传递绳 ②高处作业垂直下方区域应装设围栏，且垂直下方严禁站人，其他人员应远离杆高 1.2 倍以外
		（12）带电断、接引线时，带负荷或带接地短接引线造成跳闸	①接空载线路前应检查并确认所有与待接线路相连的断路器均已断开，所有固定、临时接地均已拆除 ②拆空载线路前应检查并确认线路受电侧的断路器已断开，处于空载状态
		（13）带电断、接引线时，消弧工具被空载电流烧断	①线路断接引前应计算线路的空载电容电流，以选择相应的消弧工具 ②采用消弧绳短接空载线路时 110kV 线路电压等级最长线路长度为 10km ③采用消弧绳拉上和断开引线时动作要迅速，以便迅速消灭电弧
		（14）带电断、接引线时，人体串入空载电路	①断接引线要用专用消弧工具，引线断接瞬间等电位人员要离开连接点一定距离 ②接引线时应先接好引线后拆除消弧工具，拆引线时应先装好消弧工具后拆引线。等电位人员不得同时接触已断开或未接通的引线两端头

续表

序号	辨识项目	辨识内容	典型控制措施
3	现场环境	（1）杆塔、脚钉、爬梯等设施表面有异物，造成高处坠落	①上下杆塔或高处作业前，应检查杆塔、脚钉、爬梯及设施表面有无冰雪、青苔、油污等异物，并根据实际，采取有效措施清除 ②上下杆塔或在高处位移时，应有防止高空坠落的后备保护，并穿软底鞋防滑 ③攀登无脚钉、爬梯且表面附有易滑物的混凝土电杆时，应使用登高板，并采取防滑措施
		（2）夜间高处作业现场照明不足造成坠落	①正确配置合格、合适、照度满足要求的移动应急照明工器具，确保其完备、完好 ②作业时，现场应保证至少有两套移动应急照明工器具
		（3）恶劣天气高处作业，造成的高处坠落	①遇有6级及以上大风、雷雨、大雾等极端恶劣天气时，不得进行高空露天作业 ②在 -10℃以下气温时，不宜进行高处作业，确需工作时，应采取保暖措施，并控制时间在1h以内。冰冻天气进行高处作业前，应先采取铲除覆冰或融冰等有效防滑措施 ③高温时段不宜进行室外高处作业，确需工作时，应采取相应的防暑降温措施，并根据实际情况，控制高空作业时间
		（4）其他意外	做好防护措施，预防滑出作业平台或踩空坠落等造成人员摔伤

表3-7　无人机结合电动升降装置带电作业风险辨识内容及典型控制措施

序号	辨识项目	辨识内容	典型控制措施
1	挂设高强度绝缘绳	（1）作业前未核对线路双重命名及色标，造成触电伤害	作业杆塔前，应仔细核对线路双重命名，经小组负责人确认后方可开展作业
		（2）无人机载重不足	①作业前应核对所用无人机荷载能力，计算携带高强度绝缘绳及所用滑车重量是否满足无人机荷载要求 ②无人机离地1.5m时，保持飞行高度检查无人机飞行状态与飞控数据；检查合格后方可继续上升，上升过程中继续检查无人机飞行状态与飞控数据。出现异常情况，应立即操控无人机返回地面

续表

序号	辨识项目	辨识内容	典型控制措施
1	挂设高强度绝缘绳	（3）滑车挂设失败掉落	无人机离地后，滑车挂设完成前，地面作业人员应停止工作并时刻关注无人机状态，并站在坠落半径以外
		（4）滑车虚挂保险装置未正确作用	滑车挂设完成后，使用无人机检查滑车挂设情况；地面作业人员应对高强度绝缘绳进行冲击试验，确保连接可靠
2	自动升降装置升高作业	（1）连接装置失效造成高坠	挂设后备保护绳并正确使用止坠器
		（2）自动升降装置失效	使用自动升降装置前，应检查电量，电量低于50%禁止使用；自动升降装置失效后，应切换至手动模式下降至地面
3	高处作业残余电荷	（1）转移电位时屏蔽服不合格，造成触电事故	330kV及以上线路，塔上人员必须穿戴合格的屏蔽服
		（2）转移电位时作业组合间隙过小	等电位电工组合间隙的距离保持大于《安规》相应电压等级最小组合间隙的要求
		（3）转移电位时，人体裸露部分与带电体距离不满足要求造成电击	人体裸露部分与带电体的距离不应小于0.4m（500kV）、0.3m（220kV及以下）
4	残余电荷	残余电荷伤人	直升机降落时，地面作业人员利用接地线应对直升机及吊挂设备进行放电

二、作业模式转变

深化各类技术手段在检修作业中的应用，合理配置人力和装备资源，推动“人工为主”向“人少作业”的转变，实现作业风险降级，切实提高现场检修作业的安全和质效。

1. 多场景应用新型技术装备

（1）作业现场勘察：综合利用无人机、远程可视化装置和激光雷达开展现场勘察，全方位掌握现场情况，采集各类交跨距离数据，辅助制定施工方案。

（2）高空督查和验收：充分利用无人机开展高空压接督查和竣工验收，减少人员登塔作业的次数，降低现场安全风险，切实提高督查和验收质量。

（3）带电清除异物挂线：利用喷火无人机、激光远程异物清除器等设备带电清除异物挂线，减少临停消缺或人工带电消缺作业数量，降低人身安全风险。

2. 深化直升机作业应用

（1）等电位带电作业：提升直升机等电位带电作业应用，降低人员进出强电场安全风险，解决山区、林区等地形区域内带电作业难题。

（2）应急抢修与救援：利用直升机机动性强、响应速度快的特点开展物资和人员运输，有效提升应急抢修与救援效率。

（3）常规检修作业：应用重载直升机开展杆塔吊装、物资运输和人员运输，适用山区、丘陵、水田道路等复杂路况，有效降低运输安全风险，减轻劳动强度。

三、检修计划管理

按照“综合平衡、一停多用”原则，统筹组织编制检修计划并上报，严格执行计划审批备案制度，强化计划刚性执行，切实减少重复停电现象，降低操作风险。

1. 制订停电计划

（1）220 千伏及以上的停电计划由超高压公司、地市级公司（以下简称“市公司”）设备管理部门组织编制，10 月 31 日前报送省公司设备部。省公司设备部 11 月 10 日前完成 220 千伏及以上检修计划的审核、批复。

（2）110 千伏及以下停电计划由输电工区、县级公司（以下简称“设备运维单位”）组织编制，11 月 20 日前报送市公司设备管理部门。市公司设备管理部门 11 月 30 日前完成 110 千伏及以下检修计划的审核、批复。

2. 备案检修计划

（1）下年度停电计划发布后，省公司设备部在 12 月 31 日前将下年度 500 千伏及以上线路Ⅰ级作业风险检修统计表报送国网设备部备案，市公司设备管理部门将所有Ⅰ级作业风险检修和 500 千伏及以上线路Ⅱ级作业风险检修计划统计表（模板见表 3-8）报送省公司设备部备案。

表 3-8　检修计划表（模板）

报送单位：

序号	省公司	运维单位	项目名称	设备名称	电压等级	检修内容	停电计划时间	设备类别	作业风险分级	备注

（2）下月度停电计划确定后，省公司设备部在每月 20 日前将下一个月 500 千伏及以上线路Ⅰ级作业风险检修计划统计表报送国网设备部备案，并抄送中国电科院输电技术中心。市公司设备管理部门将所有Ⅰ级作业风险检修和 500 千伏及以上线路Ⅱ级作业风险检修计划统计表报送省公司设备部备案。

（3）检修计划下达后，原则上不得调整。若确因气象、水文、地质等特殊原因导致检修计划出现重大变更时，应逐层逐级汇报办理变更手续，并重新确定检修风险等级。

四、现场勘察组织

严格细致开展现场勘察，全面掌握检修设备状态、现场环境和作业需求，提前辨识现场风险，切实提高项目立项、计划申报和检修方案编制的精准性。

1. 勘察原则

Ⅲ级及以上作业风险检修工作前必须开展现场勘察，Ⅳ级和Ⅴ级作业风险检修工作根据作业内容必要时开展现场勘察。对于作业环境复杂、高风险、工序多的检修，还应在项目立项、计划申报前开展一次前期勘察。

停电计划变更、设备突发故障或缺陷等原因导致停电区域、作业内容、作业环境发生变化时，有关单位应根据实际情况重新组织现场勘察。

2. 勘察人员

Ⅰ级作业风险检修现场勘察由市公司设备管理部门监督开展、工作票签发人或工作负责人实施，Ⅱ级作业风险检修现场勘察由设备运维单位监督开展、工作票签发人或工作负责人实施，Ⅲ ~ Ⅴ级作业风险检修由工作票签发人或工作负责人组织开展、实施。施工单位、设备厂家、设计单位（如有）、省电科院（必要时）参与。

3. 勘察内容

现场勘察时，应仔细核对检修设备台账，核查设备运行状况及存在缺陷，梳理技改、大修、反措等任务要求，分析现场作业风险及预控措施，并对检修分级的准确性进行复核。涉及特种车辆作业的，还应明确车辆行车路线、作业位置、作业边界等。

4. 勘察记录

现场勘察完成后，应采用文字、图片或影像相结合的方式规范填写勘察记录（模板见表 3–9），明确停电作业范围、与临近带电设备的距离、危险点及预控措施等关键要素，这些是检修方案编制的重要依据。

表 3–9　现场勘察记录（模板）

勘 察 单 位:________________　编　　号:________________

勘察负责人:________________　勘察人员:________________

一、勘察线路的双重名称（或其他设备名称）:________________

二、工作任务:________________

三、勘察内容:

1. 需要停电的范围:
2. 保留的带电部位:
3. 作业现场的条件、环境及其他危险点:
4. 应采取的安全措施:
5. 附图与说明:

记录人:　　　　　　　　　　勘察日期:

五、检修方案编审

分层分级组织检修方案编审，强化对检修方案质量的把关，确保方案覆盖全面、内容准确，切实指导现场检修作业的组织和实施。

1. 方案编制与审批

（1）500 千伏及以上线路Ⅰ级作业风险检修方案由市公司设备管理部门组织编制，检修项目实施前 15 日完成。由省公司设备部负责组织审查，并将特高压线路检修方案报国网设备部备案。

（2）Ⅱ级作业风险检修和 220 千伏及以下Ⅰ级作业风险检修方案由市公司设备管理部门组织编制和审查，检修项目实施前 7 日完成。Ⅰ级作业风险检修方案报省公司设备部备案。

（3）人身安全风险较高的Ⅲ级～Ⅴ级风险作业检修方案由设备运维单位组织编审批流程，检修项目实施前 3 日完成，检修方案报市公司设备管理部门备案。

2. 方案内容与要求

（1）Ⅱ级及以上作业风险检修方案应包括编制依据、工作内容、组织措施、安全措施、技术措施、物资供应保障措施、进度控制保障措施、检修验收要求等内容。必要时针对重点作业内容编制专项方案，作为附件与检修方案一起审批。

（2）Ⅲ级～Ⅴ级作业风险检修方案应包括项目内容、人员分工、停电范围、备品备件及工机具等内容。

（3）检修内容变化时，有关单位应结合实际内容补充完善检修方案，并履行审批流程。检修风险升级时，应按照新的检修分级履行方案的编审批流程。

六、到岗到位要求

（1）500 千伏及以上线路Ⅰ级作业风险检修：市公司分管领导或专业管理部门负责人应到岗到位，省公司设备部相关人员应到岗到位或组织专家组开展现场督察，国网公司设备部相关人员必要时到岗到位或组织专家组开展现场督察。

（2）220 千伏及以下线路Ⅰ级作业风险检修：市公司分管领导或专业管理

负责人应到岗到位，省公司设备部相关人员必要时应到岗到位或组织专家组开展现场督察。

（3）Ⅱ级作业风险检修：设备运维单位负责人或管理人员应到岗到位，地市级公司专业管理部门管理人员应到岗到位。

（4）Ⅲ级和Ⅳ级作业风险检修：设备运维单位组织开展到岗到位。

（5）发生倒塔断线等突发情况紧急抢修恢复时，到岗到位应提级管控。

到岗到位分级表见表 3-10。

表 3-10　到岗到位分级表

<table>
<tr><th rowspan="2">序号</th><th rowspan="2">到岗到位人员</th><th colspan="5">检修分级</th></tr>
<tr><th>Ⅰ
（500kV
及以上）</th><th>Ⅰ
（220kV
及以下）</th><th>Ⅱ</th><th>Ⅲ</th><th>Ⅳ</th></tr>
<tr><td>1</td><td>省公司分管领导</td><td>/</td><td>/</td><td>/</td><td>/</td><td>/</td></tr>
<tr><td>2</td><td>省公司设备部负责人</td><td>/</td><td>/</td><td>/</td><td>/</td><td>/</td></tr>
<tr><td>3</td><td>省公司设备部输电处负责人</td><td rowspan="2">▲</td><td>/</td><td>/</td><td>/</td><td>/</td></tr>
<tr><td>4</td><td>省公司设备部输电处管理人员</td><td>△</td><td>/</td><td>/</td><td>/</td></tr>
<tr><td>5</td><td>地市级公司负责人</td><td>/</td><td>/</td><td>/</td><td>/</td><td>/</td></tr>
<tr><td>6</td><td>地市级公司分管领导</td><td rowspan="2">▲</td><td>▲</td><td>/</td><td>/</td><td>/</td></tr>
<tr><td>7</td><td>地市级公司设备管理部门负责人</td><td rowspan="2">▲</td><td>/</td><td>/</td><td>/</td></tr>
<tr><td>8</td><td>地市级公司设备管理部门管理人员</td><td>/</td><td>▲</td><td>△</td><td>△</td></tr>
<tr><td>9</td><td>县级公司负责人</td><td>/</td><td rowspan="2">▲</td><td rowspan="2">▲</td><td>△</td><td>△</td></tr>
<tr><td>10</td><td>县级公司管理人员</td><td>/</td><td>▲</td><td>△</td></tr>
</table>

注：▲为必须到岗到位，△为视实际情况到岗到位，跨多行的为至少其中一人到岗到位。

七、远程督查安排

依托省级、地市级输电集中监控中心分别实现 500 千伏及以上和 220（330）千伏及以下检修现场远程监控，掌握检修计划实施进度。各级管理人员可依托监控中心远程开展现场作业督查，实现智能化安全管控。

八、现场实施管控

细致分析现场管控要点，提升现场管控质量，加大到岗到位监督力度，优化现场管控策略，切实保障现场作业安全和质量的可控、在控。

1. 做好现场风险管控

（1）误登杆塔风险管控：按时召开班前会，详细告知作业人员当日作业范围（线路双重名称、杆号、位置、色标）；同塔双回（多回）线路单回停电检修时，管控人员应与施工人员同进同出，进入作业侧横担前应二次确认线路色标。

（2）高空坠落风险管控：正确使用合格的个人安全工具、后备保护绳及缓冲器等防护工具，后备保护绳超过3m时，应使用缓冲器。上、下杆塔应沿脚钉攀登，沿绝缘子串进出导线或在塔上转位移动过程中，人员不得失去保护。

（3）感应电伤人风险管控：确保工作接地线可靠接地，作业范围过大的应适当加挂接地线，工作时间超过1天的，应在每日开工前检查接地线是否挂设良好。临近带电体作业时应正确使用个人保安接地线，必要时穿着屏蔽服工作。

（4）气体中毒风险管控：电缆密闭空间作业时应坚持“先检测，后进入”原则，进入密闭空间工作前保证通风时间不少于30分钟，气体检测合格后方可进入。密闭空间应足量配备通风、照明、通信、呼吸防护和应急救援等设备，并加强对设备的维护和保养。

（5）火灾风险管控：在电缆接头两侧各3m和该范围内邻近并行交叉敷设的其他电缆上，应采取阻燃包带、防火涂料等防火措施。动火工作前，作业人员应做好防灼伤措施，燃气管应有金属编织护套。电缆通道应足量配备各类消防设施，并加强对设备的维护和保养。

（6）物体打击风险管控：进入作业现场的人员均应正确佩戴安全帽，作业点下方坠落半径范围内不允许人员通过或逗留。

上下传递物件应使用绳索拴牢传递，严禁上下抛掷。塔上作业应使用工具袋，较大的工具应固定在牢固构件上。

（7）机械伤害风险管控：吊车、绞磨、牵张机等特种机械设备操作人员应持证上岗，并严格按照安规要求正确操作机械设备。现场各类机械设备应按要求定期维护、保养和试验，确保各项性能指标符合要求。

2. 优化风险管控策略

（1）日风险管控：根据检修实施进度，动态调整风险管控措施。Ⅰ级检修需执行日报（模板见表3-11）机制，明确当日计划完成情况、存在问题和下一日工作计划，重点突出高风险工序及管控措施，涉及500千伏及以上线路的检修日报每日19点前报送至国网设备部。

表3-11　检修日报（模板）

×××检修日报

国网××公司设备部　　××月××日　　第××天

××××年××月××日17时——××××年××月××日17时

今日重点检修工作概括（例如：高抗三相静置），当前进度完成**%，整体进度可控（进度延后应备注原因）。

一、当日情况说明

（一）现场基本情况

1. 天气情况：（含7日内天气预报）

2. 人员机具投入情况：

（二）检修情况

1. 当日主要检修工作内容：（重点突出高风险工序及管控措施）

2. 当日检修计划执行情况：

（三）检修发现的问题

明确设备名称，清晰阐述问题及处理意见（如有，按要求填报；如没有，填报“无”）。

（四）需要协调的问题

阐述需要总部协调的问题（如有，按要求填报；如没有，填报“无”）。

二、缺陷和隐患处理情况

（一）计划缺陷和隐患处理情况

序号	设备名称	一般缺陷（条）			严重缺陷（条）			危急缺陷（条）		
		现有	消除	遗留	现有	消除	遗留	现有	消除	遗留
1										

（二）检修期间发现的缺陷和隐患治理情况

序号	设备名称	一般缺陷（条）			严重缺陷（条）			危急缺陷（条）		
		现有	消除	遗留	现有	消除	遗留	现有	消除	遗留
1										

续表

（三）严重及以上缺陷明细				
序号	缺陷类型	缺陷部位	缺陷内容	处理情况
1				
三、技改大修等工作进展情况 四、存在的问题和采取的措施 五、明日检修计划（重点突出高风险工序及管控措施）				

（2）标准化管控：作业现场应编制标准作业卡，明确作业项目、工序流程和量化工艺要求，重点突出风险点与防控措施，规范检修人员作业行为和作业步骤。检修人员应严格持卡标准作业，确保作业风险“应控必控”。

（3）人员管理：落实“双准入”要求，加强对外包人员的入场核查，严格执行对外包作业的“双勘察”“双交底”“双签发”。

合理配置工作班成员，确保人员技能水平和工作经验满足现场要求。对两年工龄以内的员工，实行差异化分派工作任务、加强现场监护，确保人员行为可控、在控。

（4）运维保障：严格落实检修期间“电网运行风险预警通知单”的相关运维保障措施要求，加强在运重要输电通道和城市高压电缆特巡特护，必要时安排人员现场值守，并做好应急抢修准备。

九、检修验收管理

作业完成后，所属运维单位组织开展验收，严格执行验收申请和“三级自检”工作要求。

（1）现场作业完工，工作负责人、现场监理、项目经理分别完成自检验收，具备竣工验收条件后，项目经理或工作负责人向运维单位申请验收。

（2）运维单位根据公司相关验收工作规范要求，在规定时间内完成验收工作，并向项目经理或工作负责人反馈缺陷情况和验收结果。

（3）重大检修或特殊情况应增加随工验收，把好关键施工工序质量关，确保作业安全按期完成。

（4）重大问题隐患由方案计划审批单位负责协调解决。

十、总结与考核

各级设备管理部门组织所辖范围内运维单位开展检修总结，定期抽查现场检修工作中各项管理要求的落实情况，并开展考核评价。

1. 总结报告

（1）Ⅰ级作业风险检修总结报告由省公司设备部组织市公司编制，检修项目竣工后7日内完成并上报省公司备案，涉及500千伏及以上线路的，15日内报送国网设备部备案。

（2）Ⅱ级作业风险检修总结报告由市公司设备管理部门组织设备运维单位编制，检修项目竣工后7日内完成，涉及500千伏及以上线路的，15日内报送省公司设备部备案。

2. 定期抽查

（1）国网设备部定期抽查Ⅰ级作业风险检修管理要求落实情况，省公司设备部定期抽查Ⅰ级和Ⅱ级作业风险检修管理要求落实情况，市公司设备管理部门定期抽查Ⅰ级至Ⅳ级作业风险检修管理要求落实情况。

（2）定期抽查采用资料评审与现场检查相结合的方式开展，重点检查检修分级正确性、安全管控措施有效性及到岗到位执行等情况。抽查结果纳入年度绩效考核内容。

3. 评价考核

（1）对以下4种情况根据情节轻重进行考核扣分：

①未按上述时间节点要求报送相关资料；

②现场督导过程中被发现重大管理问题；

③除恶劣天气等不可控因素外，检修现场延期；

④修后一个基准周期内发生检修质量问题。

（2）对以下3种情况根据贡献大小进行考核加分：

①抽调人员支撑国网公司Ⅰ级作业风险检修督导；

②督导人员在检查现场发现重大管理问题；

③隐患、缺陷材料被国网公司采纳作为专项治理。

第四章

隐患排查治理

第一节 概 述

本节依据国家电网公司发布的《安全隐患排查治理管理办法》，阐述安全隐患的职责分工、分级分类、隐患标准、隐患排查、隐患治理、重大隐患管理、监督考核等要求，以对安全隐患流程化控制，做到安全隐患的分类分级管理和全过程闭环管控。

安全隐患，是指在生产经营活动中，违反国家和电力行业安全生产法律法规、规程标准以及公司安全生产规章制度，或因其他因素可能导致安全事故（事件）发生的物的不安全状态、人的不安全行为、场所的不安全因素和安全管理方面的缺失等。

一、职责分工

（1）安全隐患所在单位是隐患排查、治理和防控的责任主体。各级单位主要负责人对本单位隐患排查治理工作负全面领导责任，分管负责人对分管业务范围内的隐患排查治理工作负直接领导责任。

（2）各级安全生产委员会负责建立健全本单位隐患排查治理规章制度，组织实施隐患排查治理工作，协调解决隐患排查治理重大问题、重要事项，提供资源保障并监督治理措施的落实。

（3）各级安委办负责隐患排查治理工作的综合协调和监督管理，组织安委会成员部门编制、修订隐患排查标准，对隐患排查治理工作进行监督检查和评价考核。

（4）各级安委会成员部门按照“管业务必须管安全”的原则，负责专业范围内隐患排查治理工作。各级设备（运检）、调度、建设、营销、数字化、产业、水新、后勤等部门负责本专业隐患标准编制、排查组织、评估认定、治理实施和检查验收工作；各级发展、财务、物资等部门负责隐患治理所需的项目、资金和物资等投入保障。

（5）各级从业人员负责管辖范围内安全隐患的排查、登记、报告，按照职责分工实施防控治理。

（6）各级单位将生产经营项目或工程项目发包、场所出租的，应与承包、承租单位签订安全生产管理协议，并在协议中明确各方对安全隐患排查、治理和管控的管理职责；对承包、承租单位隐患排查治理进行统一协调和监督管理，定期检查，发现问题及时督促整改。

二、分级分类

（一）根据隐患危害程度的分类

根据隐患的危害程度，隐患分为重大隐患、较大隐患、一般隐患三个等级。

1. 重大隐患

重大隐患主要包括可能导致以下后果的安全隐患：

①一级至三级人身事件；

②一级至四级电网、设备事件；

③五级信息系统事件；

④水电站大坝溃决、漫坝、水淹厂房事件；

⑤较大及以上火灾事故；

⑥违反国家、行业安全生产法律法规的管理问题。

2. 较大隐患

较大隐患主要包括可能导致以下后果的安全隐患：

①四级人身事件；

②五级至六级电网、设备事件；

③六级至七级信息系统事件；

④一般火灾事故；

⑤其他对社会及公司造成较大影响的事件；

⑥违反省级地方性安全生产法规和公司安全生产管理规定的管理问题。

3. 一般隐患

一般隐患主要包括可能导致以下后果的安全隐患：

①五级及以下人身事件；

②七级至八级电网、设备事件；

③八级信息系统事件；

④违反省公司级单位安全生产管理规定的管理问题。

上述人身、电网、设备和信息系统事件，依据《国家电网有限公司安全事故调查规程》（国家电网安监〔2020〕820号）认定。火灾事故等依据国家有关规定认定。

（二）根据隐患产生原因和导致事故（事件）的分类

根据隐患产生的原因和导致事故（事件）进行分类，隐患分为系统运行、设备设施、人身安全、网络安全、消防安全、水电及新能源、危险化学品、电化学储能、特种设备、通用航空、安全管理和其他等十二类。

三、隐患标准

（1）公司总部以及省、市公司级单位应分级分类建立隐患排查标准，明确隐患排查内容、排查方法和判定依据，指导从业人员及时发现、准确判定安全隐患。

（2）隐患排查标准编制围绕影响公司安全生产的高风险领域，依据安全生产法律法规和规章制度，结合事故（事件）暴露的典型问题，确保重点突出、内容具体、责任明确。

（3）隐患排查标准编制应坚持“谁主管、谁编制”“分级编制、逐级审查”的原则，各级安委办负责制定隐患排查标准编制规范，各级专业部门负责本专业排查标准编制。

①公司总部组织编制重大隐患、较大隐患的排查标准，并对省公司级单位隐患排查标准进行审查。

②省公司级单位补充完善较大隐患、一般隐患的排查标准，并对地市公司级单位隐患排查标准进行审查。

③地市公司级单位补充完善一般隐患排查标准，形成覆盖各专业、各等

级的隐患排查标准体系。

（4）编制完成各专业隐患排查标准后，本单位安委办负责汇总、审查，经本单位安委会审议后，以正式文件发布标准。

（5）各级专业部门应将隐患排查标准纳入安全培训计划，及时组织培训，指导从业人员准确掌握隐患排查内容、排查方法，提高全员隐患排查发现能力。

（6）隐患排查标准实行动态管理，各级单位应每年对隐患排查标准的针对性、有效性组织评估，结合安全生产规章制度“立改废释”，事故（事件）暴露的问题滚动修订，每年3月底前更新发布。

四、隐患排查

（1）各级单位应在每年6月底前，对照隐患排查标准，组织开展一次涵盖安全生产各领域、各专业、各层级的安全隐患全面排查。各级专业部门应加强本专业隐患排查工作指导，对于专业性较强、复杂程度较高的隐患，必要时组织专业技术人员或专家开展诊断分析。

（2）针对排查中发现的安全隐患，隐患所在工区、班组应依据隐患排查标准进行初步评估定级，利用公司安全隐患管理信息系统建立档案（重大、较大、一般隐患排查治理档案表），形成本工区、班组安全隐患数据库，并汇总上报至相关专业部门。

（3）各相关专业部门对本专业安全隐患进行专业审查，评估认定隐患等级，形成本专业安全隐患清单。一般隐患由县公司级单位评估认定，较大隐患由市公司级单位评估认定，重大隐患由省公司级单位评估认定。

（4）各级安委办对各专业安全隐患清单进行汇总、复核，经本单位安委会审议后，报上级单位审查。

①市公司级单位安委会审议基层单位和本级排查发现的安全隐患，一般隐患审议后反馈至隐患所在单位，较大及重大隐患报省公司级单位审查。

②省公司级单位安委会审议地市公司级单位和本级排查发现的安全隐患，审议较大隐患后要反馈至隐患所在单位，报重大隐患至公司总部审查。

③公司总部安委会审议省公司级单位和本级排查发现的安全隐患，审议重大隐患后反馈至隐患所在单位。

（5）隐患全面排查工作结束后，各单位应结合日常巡视、季节性检查等，开展隐患常态化排查。

（6）对于国家、行业及地方政府部署开展的安全生产专项行动，各单位应在公司现行隐患排查标准的基础上，补充相关排查条款，开展针对性排查。

（7）对于公司系统安全事故（事件）暴露的典型问题和家族性隐患，各单位应举一反三开展事故类比排查。

（8）各单位应在全面排查和逐级审查的基础上，分层分级建立本单位安全隐患清单，并结合日常排查、专项排查和事故类比排查滚动更新。

五、隐患治理

（1）隐患一经确定，隐患所在单位应立即采取防止隐患发展的安全控制措施，并根据隐患具体情况和紧急程度，制订治理计划，明确治理单位、责任人和完成时限，限期完成治理，做到责任、措施、资金、期限和应急预案“五落实”。

（2）各级专业部门负责组织制定本专业隐患治理方案或措施，重大隐患由省公司级单位制定治理方案，较大隐患由市公司级单位制定治理方案或治理措施，一般隐患由县公司级单位制定治理措施。

（3）各级安委会应及时协调解决隐患治理有关事项，对需要多专业协同治理的隐患，应明确责任分工、措施和资金，对于需要地方政府协调解决的隐患，应及时报告政府有关部门，对于超出本单位治理能力的隐患，应及时报送上级单位协调解决。

（4）各级单位应将隐患治理所需项目、资金作为项目储备的重要依据，纳入综合计划和预算优先安排。公司总部及省、地市公司级单位应建立隐患治理绿色通道，对计划和预算外急需实施治理的隐患，及时调剂和保障所需资金和物资。

（5）隐患所在单位应结合电网规划、电网建设、技改大修、检修运维、规章制度“立改废释”等及时开展隐患治理，各专业部门应加强专业指导和督导检查。

（6）对于重大隐患治理完成前或治理过程中无法保证安全的，应从危险区域内撤出相关人员，设置警示标志，暂时停工停产或停止使用相关设备设施，并及时向政府有关部门报告；治理完成并验收合格后方可恢复生产和使用。

（7）对于自然灾害可能引发事故灾难的隐患，所属单位应当按照有关规定排查治理，采取可靠的预防措施，制定应急预案。接到有关自然灾害预报时，应当及时发出预警通知；发生自然灾害可能危及人员安全的情况时，应当采取停止作业、撤离人员、加强监测等安全措施。

（8）各级安委办应开展隐患治理挂牌督办，公司总部挂牌督办重大隐患，省公司级单位挂牌督办较大隐患，市公司级单位挂牌督办治理难度大、周期长的一般隐患。

（9）隐患治理完成后，隐患治理单位在自验合格的基础上提出验收申请，相关专业部门应在申请提出后一周内完成验收，验收合格予以销号，不合格重新组织治理。

①重大隐患治理结果由省公司级单位组织验收，结果向国网安委办和相关专业部门报告。

②较大隐患治理结果由地市公司级单位组织验收，结果向省公司安委办和相关专业部门报告。

③一般隐患治理结果由县公司级单位组织验收，结果向地市公司级安委办和相关专业部门报告。

④涉及国家、行业监管部门、地方政府挂牌督办的重大隐患，治理结束后应及时将有关情况报告相关政府部门。

（10）各级安委办应组织相关专业部门定期向安委会汇报隐患治理情况，对于共性问题和突出隐患，深入分析隐患成因，从管理和技术上制定源头防范措施。

（11）各级单位应统一使用公司安全隐患管理信息系统，实现隐患排查治理工作全过程记录和“一患一档”管理。重大隐患相关文件资料应及时移交本单位档案管理部门归档。

（12）隐患档案应包括以下信息：隐患简题、隐患内容、隐患编号、隐患所在单位、专业分类、归属部门、评估定级、治理期限、资金落实、治理完成情况等。隐患排查治理过程中形成的会议纪要、治理方案、验收报告等应归入隐患档案。

（13）各级单位应将隐患排查治理情况如实记录，并通过职工大会或者职工代表大会、信息公示栏等方式向从业人员通报。各级单位应在月度安全生产会议上通报本单位隐患排查治理情况，各班组应在安全日活动上通报本班组隐患排查治理情况。

（14）各级单位应建立隐患季度分析、年度总结制度，各级专业部门应定期向本级安委办报送专业隐患排查治理工作，省公司级安委办7月15日前向公司总部报送上半年工作总结，次年1月10日前通过公文报送上年度工作总结。

（15）各级安委办按规定向国家能源局及其派出机构、地方政府有关部门报告安全隐患统计信息和工作总结。各级单位应加强内部沟通，确保报送数据的准确性和一致性。

六、重大隐患管理

（1）重大隐患应执行即时报告制度，各单位评估为重大隐患的，应于两个工作日内报总部相关专业部门及安委办，并向所在地区政府安全监管部门和电力安全监管机构报告。重大隐患报告内容应包括：隐患的现状及其产生原因；隐患的危害程度和整改难易程度分析；隐患治理方案。

（2）重大隐患应制定治理方案。重大隐患治理方案应包括：治理目标和任务；采取方法和措施；经费和物资落实；负责治理的机构和人员；治理时限和要求；防止隐患进一步发展的安全措施和应急预案等。

（3）重大隐患治理应执行"两单一表"（签发督办单—制定管控表—上报反馈单）制度，实现闭环监管。

①签发安全督办单。国网安委办获知或直接发现所属单位存在重大隐患的，由安委办主任或副主任签发安全督办单，对省公司级单位整改工作进行全程督导。

②制定过程管控表。省公司级单位在接到督办单的15日内，编制安全整改过程管控表，明确整改措施、责任单位（部门）和计划节点，由安委会主任签字、盖章后报国网安委办备案，国网安委办按照计划节点进行督导。

③上报整改反馈单。省公司级单位完成整改后5日内，填写安全整改反馈单，并附佐证材料，安委会主任签字、盖章后报国网安委办备案。

（4）各级单位重大隐患排查治理情况应及时向政府负有安全生产监督管理职责的部门和本单位职工大会或职工代表大会报告。

七、监督考核

（1）各级单位应建立隐患排查治理工作评价机制，对所属单位隐患标准针对性、排查全面性、立项及时性、治理有效性进行评价，定期发布通报，结果纳入安全工作考核。

（2）各级单位应综合利用安全生产巡查、专家抽查、现场实地检查和远程视频督查等手段，对所属单位隐患排查开展情况进行监督检查。

①对隐患排查不细致、防控不到位、整改不及时以及瞒报重大隐患的单位给予通报，必要时开展安全警示约谈。

②对已列入隐患排查标准但未有效发现安全隐患的，对重大隐患、较大隐患分别按照五级、七级安全事件对相关责任单位进行惩处，对重复发生的提级惩处。

③对隐患排查治理不到位导致安全事故（事件）发生的，要全面倒查隐患排查治理各环节责任落实情况，严肃追究相关单位及人员的责任。

（3）各级单位应建立隐患排查治理激励机制，对在隐患排查治理工作中作出突出贡献的个人、单位给予通报表扬或奖励，相关费用从各单位安全生产专项奖中列支，各级安委办组织对所属单位奖励事项进行审查。

①及时排查发现隐患排查标准之外的安全隐患。

②及时完成重大隐患治理，有效避免事故发生。

③及时排查治理典型性、家族性隐患，或隐患排查治理技术方法取得创新突破得到上级认可推广。

④及时排查发现常规方法（手段）不易发现的隐蔽性安全隐患。

第二节　常见隐患排查治理

为进一步指导基层单位更好开展隐患排查治理工作，本节结合输电专业的特点通过隐患举例，让各级人员初步具备辨识隐患、填报隐患的能力。同时，简要介绍隐患的填报。

一、隐患档案

分部、省、地市和县公司级单位应运用安全隐患管理信息系统，做到“一患一档”。

隐患档案应包括以下信息：隐患简题、隐患来源、隐患编号、隐患所在单位、专业分类、隐患发现人、发现人单位、发现日期、隐患内容及原因、归属职能部门、评估等级、整改期限、整改完成情况等。隐患排查治理过程中形成的传真、会议纪要、正式文件、治理方案、验收报告等也应归入隐患档案。

1. 隐患简题内容填写要求

隐患简题作为隐患档案的标题，应文字简洁、表达恰当、描述准确、内容全面。简题应包含：单位名称（地市公司、县公司的简称）+ 发现时间 + 电压等级 + 设备（或线路）名称 + 隐患地点、部位（要写具体）+ 隐患简况（注：写隐患现状与标准之间的差异，内容精确，能够与同类隐患区分）。所在单位不得混淆。

2. 隐患内容填写要求

（1）基本信息：国网 ×× 供电有限公司 ×× 月 ×× 日，×× 在 ×× 过程中。

（2）隐患现状：发现 ×× 存在 ×× 的现象。

（3）违反条例：不满足《××× 规程》（编号 ××）第 ×× 条“××”的规定内容。

（4）后果分析：×× 可能导致 ×× 发生。

（5）定级依据：按照《国家电网公司事故调查规程》（2021 版）第 ×× 条规定：“××”，构成 ×× 级 ×× 事件（5~8 级人身事件不出现等级）。

（6）定性依据：按照《国家电网公司安全隐患排查治理管理办法》规定：×× 事件定性为 ××。

隐患排查治理档案如表 4–1、表 4–2 和表 4–3 所示。

表 4–1　重大事故隐患排查治理档案

×××× 年度　　　　　　　　　　　　　　　　　　　　×× 公司

排查	隐患简题				隐患来源	
	隐患编号		隐患所在单位		专业分类	
	隐患发现人		发现人单位		发现日期	
	隐患内容及原因					

续表

<table>
<tr><td rowspan="2">预评估</td><td>隐患危害程度（可能导致后果）</td><td colspan="3"></td><td>归属职能部门</td><td></td></tr>
<tr><td>预评估等级</td><td></td><td>预评估负责人签名 / 日期</td><td></td><td>县公司级单位（工区）审核签名 / 日期</td><td></td></tr>
<tr><td>评估</td><td>评估等级</td><td></td><td>评估负责人签名 / 日期</td><td></td><td>地市公司级单位领导审核签名 / 日期</td><td></td></tr>
<tr><td>核定</td><td>省公司级单位核定意见</td><td colspan="3"></td><td>职能部门负责人签名 / 日期</td><td></td></tr>
<tr><td rowspan="9">治理</td><td>治理责任单位</td><td></td><td>治理期限</td><td colspan="3">自　年　月　日至　年　月　日</td></tr>
<tr><td>安全第一责任人</td><td colspan="2"></td><td>联系电话</td><td colspan="2"></td></tr>
<tr><td>整改负责人</td><td colspan="2"></td><td>联系电话</td><td colspan="2"></td></tr>
<tr><td colspan="2">是否计划外项目</td><td></td><td colspan="2">是否完成计划外备案手续</td><td></td></tr>
<tr><td colspan="2">治理目标任务是 / 否落实</td><td></td><td colspan="2">治理经费物资是 / 否落实</td><td></td></tr>
<tr><td colspan="2">治理时间要求是 / 否落实</td><td></td><td colspan="2">治理机构人员是 / 否落实</td><td></td></tr>
<tr><td colspan="2">安全措施应急预案是 / 否落实</td><td></td><td colspan="2">累计完成治理资金（万元）</td><td></td></tr>
<tr><td colspan="2">治理计划或治理方案（防控、整改措施和应急预案）</td><td colspan="4"></td></tr>
<tr><td>治理完成情况</td><td colspan="5"></td></tr>
<tr><td rowspan="4">验收</td><td>验收申请单位</td><td></td><td>负责人</td><td></td><td>日期</td><td></td></tr>
<tr><td>验收组织单位</td><td colspan="5"></td></tr>
<tr><td>验收意见和结论</td><td colspan="5"></td></tr>
<tr><td>验收组长</td><td></td><td>日期</td><td colspan="3"></td></tr>
</table>

注：①安全隐患按发现顺序编号，格式为：单位汉字名称简写 + 年号（4 位）+ 顺序号（4 位）。县公司级单位汉字名称简写前应加所在城市名称简称。

②表 4–1 由安全隐患所在单位负责填写、流转和管理，验收后报安全监察部门建档。

表 4-2 较大事故隐患排查治理档案

××××年度　　　　　　　　　　　　　　　　××公司

<table>
<tr><td rowspan="4">排查</td><td>隐患简题</td><td colspan="3"></td><td>隐患来源</td><td></td></tr>
<tr><td>隐患编号</td><td></td><td>隐患所在单位</td><td></td><td>专业分类</td><td></td></tr>
<tr><td>隐患发现人</td><td></td><td>发现人单位</td><td></td><td>发现日期</td><td></td></tr>
<tr><td>隐患内容
及原因</td><td colspan="5"></td></tr>
<tr><td rowspan="2">预评估</td><td>隐患危害程度
（可能导致后果）</td><td colspan="3"></td><td>归属职
能部门</td><td></td></tr>
<tr><td>预评估等级</td><td></td><td>县公司级单位预
评估负责人签名</td><td></td><td>日期</td><td></td></tr>
<tr><td>评估</td><td>评估等级</td><td></td><td>地市公司级评估
负责人签名</td><td></td><td>日期</td><td></td></tr>
<tr><td rowspan="6">治理</td><td>治理责任单位</td><td></td><td>治理期限</td><td colspan="3">自　年　月　日至　年　月　日</td></tr>
<tr><td>安全第一责任人</td><td></td><td>联系电话</td><td colspan="3"></td></tr>
<tr><td>整改负责人</td><td></td><td>联系电话</td><td colspan="3"></td></tr>
<tr><td>是否计划外项目</td><td></td><td>是否完成计划
外备案手续</td><td colspan="3"></td></tr>
<tr><td>治理计划
（防控、整改措施
和应急预案）</td><td colspan="5"></td></tr>
<tr><td>治理完成情况</td><td colspan="5"></td></tr>
<tr><td rowspan="4">验收</td><td>验收申请单位</td><td></td><td>负责人</td><td></td><td>日期</td><td></td></tr>
<tr><td>验收组织单位</td><td colspan="5"></td></tr>
<tr><td>验收意见和结论</td><td colspan="5"></td></tr>
<tr><td>验收组长</td><td colspan="2"></td><td>日期</td><td colspan="2"></td></tr>
</table>

注：①安全隐患按发现顺序编号，格式为：单位汉字名称简写＋年号（4位）＋顺序号（4位）。县公司级单位汉字名称简写前应加所在城市名称简称。

②表 4-2 由安全隐患所在单位负责填写、流转和管理，验收后报安全监察部门建档。

表 4-3　一般事故隐患排查治理档案

××××年度　　　　　　　　　　　　　　　　　　　　××公司

排查	隐患简题				隐患来源	
	隐患编号		隐患所在单位		专业分类	
	隐患发现人		发现人单位		发现日期	
	隐患内容及原因					
预评估	隐患危害程度（可能导致后果）				归属职能部门	
	预评估等级		预评估负责人签名		日期	
评估	评估等级		县公司级单位评估负责人签名		日期	
治理	治理责任单位		治理期限	自　年　月　日至　年　月　日		
	安全第一责任人		联系电话			
	整改负责人		联系电话			
	治理计划（防控、整改措施和应急预案）					
	治理完成情况					
验收	验收申请单位		负责人		日期	
	验收组织单位					
	验收意见和结论					
	验收组长		日期			

注：①安全隐患按发现顺序编号，格式为：单位汉字名称简写＋年号（4位）＋顺序号（4位）。县公司级单位汉字名称简写前应加所在城市名称简称。

②表 4-3 由安全隐患所在单位负责填写、流转和管理，验收后报安全监察部门建档。

二、输电专业常见隐患举例

（一）输电专业常见隐患

（1）输电线路：塔路矛盾；交叉跨越隐患；线路对地距离；安全标志标识。

（2）输电电缆：老旧设备；电缆沟道、隧道；电缆终端和中间接头。

（3）输电设备：防误装置；设备装置。

（4）外部环境：树线矛盾；违章建筑；地质灾害；违章施工。

（5）设计类：与燃气管线、国防光缆距离不满足要求。

（6）管理类：规章制度修编不及时。

（7）输电运行：外力破坏。

（二）安全隐患填报举例

1. 输电线路设备装置隐患举例

隐患简题：国网 ×× 供电公司输电运检中心 3 月 3 日发现 220kV 晓厚 4R17 线 39# 杆塔架空地线悬垂线夹处挂点螺栓快要脱出，可能造成 220kV 线路架空地线掉线引起线路跳闸事故隐患。

事故隐患内容：国网 ×× 供电公司输电运检中心，输电运维一班运行人员 3 月 3 日在日常无人机精细化巡视中，发现 220kV 晓厚 4R17 线 39# 杆塔架空地线悬垂线夹处挂点螺栓快要脱出。不符合 DL/T 741《架空输电线路运行规程》中 5.4.8 的规定。该处螺栓为单挂点，如果不及时处理，可能发生掉线，引起线路跳闸事故，造成严重后果。按照《国家电网有限公司安全事故调查规程》第 4.3.7.2（7）："220kV 以上 500kV 以下交流或 ±400kV 以下直流输电线路（含地线）断线、掉线、掉串；或塔身、基础受损影响线路运行"，可能造成七级设备事件。根据《国家电网公司安全隐患排查治理管理办法》规定，七级设备事件定性为"一般隐患"。

隐患简题：国网 ×× 供电公司输电运检中心 1 月 10 日 500kV 线路杆塔地线悬垂线夹发热，可能造成地线断线，发生跳闸事故隐患。

事故隐患内容：国网 ×× 供电公司输电运检中心，输电机巡作业班人员在红外测温工作中，发现 500kV 章春 5487 线 70# 杆塔地线悬挂点线夹发热，发热温度 105.4℃，比环境温度高 100 度以上，存在地线断线的安全隐患。不符合不满足《带电设备红外诊断应用规范》（DL/T 664）附录 H（表 H.1）"热点温度 >90℃或 δ≥80% 为严重缺陷"的规定。该处导线跨越高速公路，若不及时处理，地线断线可能引起下方导线短路跳闸并阻碍高速交通运输，按照《国家电网有限公司安全事故调查规程》第 4.3.6.2 条的规定："500kV 以上交流或 ±400kV 以上直流输电线路（含地线）断线、掉线、掉串；或塔身、基础受损影响线路运行"，可能构成六级设备事件，按照《国家电网公司安全隐患排查治理管理办法》规定，六级设备事件定性为“较大隐患”。

2. 输电线路设备异物隐患举例

隐患简题：国网 ×× 供电公司输电运检中心 3 月 3 日，发现 220kV 句崇 4R40 句寿 4R41 线 50# 导线存在异物跳闸的安全隐患。

事故隐患内容：国网 ×× 供电公司输电运检中心，2023 年 3 月 3 日 15 点，输电机巡作业班人员在路过 220kV 句崇 4R40 句寿 4R41 线 50# 杆塔时，发现句崇 4R40 线下相小号侧导线悬挂塑料薄膜，薄膜长 4~5m 并随风飘舞，如果不及时处理，可能被风刮到另外两相或者塔身上，可能造成句崇 4R40 线放电熔断事故。不满足《国家电网公司架空输电线路运维管理规定》附录 8“异物悬挂，危及安全运行，为紧急缺陷”的规定内容。若不及时处理漂浮的塑料薄膜，可能导致句崇 4R40 线路异物短路放电熔断事故，按照《国家电网有限公司安全事故调查规程》第 4.3.7.2 条规定：“220kV 以上 500kV 以下交流或 ±400kV 以下直流输电线路（含地线）断线、掉线、掉串；或塔身、基础受损影响线路运行”，可能构成七级设备事件，按照《国家电网公司安全隐患排查治理管理办法》规定，七级设备事件定性为“一般隐患”。

3. 外力破坏隐患举例

隐患简题：国网 ×× 供电公司输电运检中心 4 月 7 日，发现 500kV 北姚 5403 线 8#~9# 通道存在吊机吊装外破的安全隐患。

事故隐患内容：国网 ×× 供电公司输电运检中心 2022 年 4 月 7 日，输电运维一班运行人员在工作结束回单位途中路过 500kV 北姚 5401 线时发现通道下方有吊机在施工，吊机吊臂距离导线不足 8m，存在现场吊臂高度与导线安全距离不符要求，不满足 Q/GDW 1799.2—2013《国家电网公司安全电力工作规程 线路部分》中 14.2.11.4 条“作业时，起重机臂架、吊具、辅具、钢丝绳及吊物等与 500kV 架空输电线路及其他带电体的最小安全距离不准小于 8.5m，且应设专人监护”的规定。若与带电导线安全距离不足有可能造成吊机施工人员施工碰触导线或距离不足形成放电通道，极易引发线路接地、短路跳闸事故。按照《国家电网有限公司安全事故调查规程》4.3.7.2（8）条“500kV 以上线路跳闸，重合不成功”，构成七级设备事件。按照《国家电网公司安全隐患排查治理管理办法》规定，七级设备事件定性为“一般安全隐患”。

第五章

生产现场的安全设施

安全设施是指在生产现场经营活动中将危险因素、有害因素控制在安全范围内以预防、减少、消除危害所设置的安全标志、设备标志、安全警示线、安全防护设施等的统称。电力线路生产活动所涉及的场所、设备（设施）、检修施工等特定区域以及其他有必要提醒人们注意安全的场所，应配置使用标准化的安全设施。

安全设施的配置要求如下所述。

（1）安全设施应清晰醒目、规范统一、安装可靠、便于维护，适应使用环境要求。

（2）安全设施所用的颜色应符合 GB 2893—2008《安全色》的规定。安全色是传递安全信息含义的颜色，是用以表达禁止、警告、指令、提示等安全信息含义的颜色。

（3）电力线路杆塔应标明线路双重名称、杆（塔）号、色标，并在线路保护区内设置必要的安全警示标志。

（4）电力线路一般应采用单色色标，线路密集区域可采用不同颜色的色标加以区分。

（5）安全设施设置后，不应构成对人身伤害、设备安全的潜在风险、安全隐患或妨碍正常工作。

第一节　安全标志

安全标志是指用以表达特定安全信息的标志，由图形符号、安全色、几何形状（边框）和文字构成。安全标志分为禁止标志、警告标志、指令标志、提示标志四大基本类型和消防安全标志等特定类型。

一、一般规定

（1）安全标志一般使用相应的通用图形标志和文字辅助标志的组合标志。

（2）安全标志一般采用标志牌的形式，宜使用衬边，以使安全标志与周围环境形成较为强烈的对比。

（3）安全标志牌应设在与安全有关场所的醒目位置，便于走近电力线路或进入电缆隧道的人们看见，并使他们有足够的时间注意它所表达的内容。环境信息标志宜设在有关场所的入口处和醒目处。局部环境信息应设在所涉及的相应危险地点或设备（部件）的醒目处。

（4）安全标志牌不宜设在可移动的物体上，以免标志牌随母体物体相应移动，影响认读。标志牌前不得放置妨碍认读的障碍物。

（5）多个标志在一起设置时，应按照警告、禁止、指令、提示的顺序，先左后右、先上后下地排列，且应避免出现相互矛盾、重复的现象，也可以根据实际情况，使用多重标志。

（6）安全标志牌的固定方式分附着式、悬挂式和柱式。附着式和悬挂式的固定应稳固不倾斜，柱式的标志牌和支架应连接牢固。临时标志牌应采取防止倾倒、脱落、移位措施。

（7）安全标志牌应设置在明亮的环境中。

（8）安全标志牌设置的高度尽量与人眼的视线高度一致，悬挂式和柱式的环境信息标志牌的下缘距地面的高度不宜小于 2m，局部信息标志的设置高度应视具体情况确定。

（9）应定期检查安全标志牌，如发现破损、变形、褪色等不符合要求时，应及时修整或更换安全标志牌。修整或更换期间，应有临时的相同标志牌替换，避免发生意外伤害。

（10）电缆隧道入口，应根据电压等级等具体情况，在醒目位置按配置规范设置相应的安全标志牌，如“当心触电”“当心中毒”“未经许可不得入内”“禁止烟火”“注意通风”“必须戴安全帽”等。

（11）电力线路杆塔，应根据电压等级、线路途经区域等具体情况，在醒目位置按配置规范设置相应的安全标志牌，如“禁止攀登高压危险”等。

（12）在人口密集或交通繁忙区域施工，应根据环境设置必要的交通安全标志。

二、禁止标志设置规范

禁止标志是指禁止或制止人们不安全行为的图形标志。常用禁止标志名称、图形标志示例及设置规范见表 5–1。

表 5–1　常用禁止标志名称、图形标志示例及设置规范

序号	名称	图形标志示例	设置范围和地点
1	禁止吸烟	禁止吸烟	电缆隧道出入口、电缆井内、检修井内、电缆接续作业的临时围栏等处
2	禁止烟火	禁止烟火	电缆隧道出入口等处
3	禁止跨越	禁止跨越	不允许跨越的深坑（沟）等危险场所安全遮栏等处
4	禁止停留	禁止停留	高处作业现场、吊装作业现场等处
5	未经许可 不得入内	未经许可 不得入内	易造成事故或对人员有伤害的场所，如电缆隧道入口处

续表

序号	名称	图形标志示例	设置范围和地点
6	禁止通行	禁止通行	有危险的作业区域入口处或安全遮栏等处
7	禁止堆放	禁止堆放	消防器材存放处、消防通道等处
8	禁止合闸 线路有人工作	禁止合闸 线路有人工作	线路断路器和隔离开关把手上
9	禁止攀登 高压危险	禁止攀登 高压危险	电力线路杆塔下部，距地面约 3m 处
10	禁止开挖 下有电缆	禁止开挖 下有电缆	禁止开挖的地下电缆线路保护区内
11	禁止在高压线下钓鱼	禁止在高压 线下钓鱼	跨越、临近鱼塘的电力线路下方的适宜位置

续表

序号	名称	图形标志示例	设置范围和地点
12	禁止取土	禁止取土	线路保护区内杆塔四周、拉线附近适宜位置
13	禁止在高压线附近放风筝	禁止在高压线附近放风筝	经常有人放风筝的线路附近适宜位置
14	禁止在保护区内建房	禁止在保护区内建房	电力杆塔四周、线路通道下方及保护区内
15	禁止在保护区内植树	禁止在保护区内植树	线路电力设施保护区内植树严重地段
16	禁止在保护区内爆破	禁止在保护区内爆破	线路途经石场、矿区等
17	线路保护警示牌	线路保护区内 禁 止 植 树 举报电话：95598	对应装设易发生外力破坏的线路保护区内

三、警告标志设置规范

警告标志是指提醒人们注意周围环境，避免可能发生危险的图形标志。常用警告标志、图形标志示例及设置规范见表5-2。

表5-2 常用警告标志、图形标志示例及设置规范

序号	名称	图形标志示例	设置范围和地点
1	注意安全	注意安全	易造成人员伤害的场所及设备处
2	注意通风	注意通风	电缆隧道入口等处、电缆工作井、深基坑基础施工区域等处
3	当心火灾	当心火灾	易发生火灾的危险场所，如电气检修试验、焊接及有易燃易爆物质的场所
4	当心爆炸	当心爆炸	易发生爆炸危险的场所，如易燃易爆物质的使用或受压容器等地点
5	当心中毒	当心中毒	可能产生有毒物质的电缆隧道等地点
6	当心触电	当心触电	有可能发生触电危险的电气设备和线路

续表

序号	名称	图形标志示例	设置范围和地点
7	当心电缆	当心电缆	暴露的电缆或地面下有电缆处施工的地点
8	当心机械伤人	当心机械伤人	易发生机械卷入、轧压、碾压、剪切等机械伤害的作业地点
9	当心伤手	当心伤手	易造成手部伤害的作业地点，如机械加工工作场所等
10	当心扎脚	当心扎脚	易造成脚部伤害的作业地点，如施工工地及有尖角散料等处
11	当心吊物	当心吊物	有吊装设备作业的场所，如施工工地等处
12	当心坠落	当心坠落	在易发生坠落事故的作业地点，如脚手架、高处平台、地面的深沟（池、槽）等处

续表

序号	名称	图形标志示例	设置范围和地点
13	当心落物	当心落物	易发生落物危险的地点，如高处作业、立体交叉作业的下方等处
14	当心坑洞	当心坑洞	生产现场和通道临时开启或挖掘的孔洞四周的围栏等处
15	当心弧光	当心弧光	易发生由于弧光造成眼部伤害的各种焊接作业场所等处
16	当心车辆	当心车辆	施工区域内车、人混合行走的路段，道路的拐角处、平交路口，车辆出入较多的施工区域出入口处
17	当心滑跌	当心滑跌	地面有易造成伤害的滑跌地点，如地面有油、冰、水等物质及滑坡处
18	止步 高压危险	止步 高压危险	带电设备固定遮栏上，高压试验地点安全围栏上，因高压危险禁止通行的过道上，工作地点临近室外带电设备的安全围栏上等处

四、指令标志设置规范

指令标志是指强制人们必须做出某种动作或采用防范措施的图形标志。

常用指令标志、图形标志示例及设置规范见表 5–3。

表 5–3　常用指令标志、图形标志示例及设置规范

序号	名称	图形标志示例	设置范围和地点
1	必须戴防护眼镜	 必须戴防护眼镜	对眼睛有伤害的作业场所，如机械加工、各种焊接等场所
2	必须戴安全帽	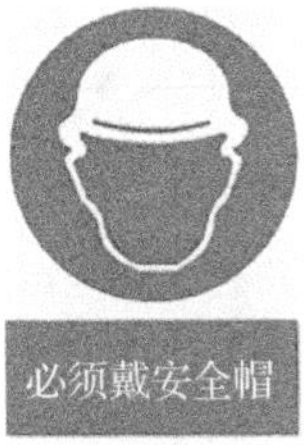 必须戴安全帽	生产现场主要通道入口处，如电缆隧道入口、线路检修现场等可能产生高处落物的场所
3	必须戴防护手套	 必须戴防护手套	易伤害手部的作业场所，如具有腐蚀、污染、灼烫、冰冻及触电危险的作业等处
4	必须穿防护鞋	 必须穿防护鞋	易伤害脚部的作业场所，如具有腐蚀、灼烫、触电、砸（刺）伤等危险的作业地点
5	必须系安全带	 必须系安全带	易发生坠落危险的作业场所，如高处作业现场

五、提示标志设置规范

提示标志是向人们提供某种信息（如标明安全设施或场所等）的图形标志。常用提示标志、图形标志示例及设置规范见表 5–4。

表 5–4　常用提示标志、图形标志示例及设置规范

序号	名称	图形标志示例	设置范围和地点
1	从此上下	从此上下	工作人员可以上下杆塔攀爬脚钉的铁（构）架、爬梯上
2	从此进出	从此进出	户外工作地点围栏的出入口处
3	在此工作	在此工作	在工作地点处

六、消防安全标志设置规范

消防安全标志是指用以表达与消防有关的安全信息，由安全色、边框、以图像为主要特征的图形符号或文字构成的标志。

在电缆隧道入口处以及储存易燃易爆物品仓库门口处应合理配置灭火器等消防器材，在火灾易发生部位应设置火灾探测和自动报警装置。

各生产场所应有逃生路线的标识，楼梯主要通道门上方或左（右）侧装设紧急撤离提示标志。

常用消防安全标志、图形标志示例及设置规范见表 5–5。

表 5-5　常用消防安全标志、图形标志示例及设置规范

序号	名称	图形标志示例	设置范围和地点
1	消防手动启动器		依据现场环境，设置在适宜、醒目的位置
2	火警电话	119	依据现场环境，设置在适宜、醒目的位置
3	消火栓箱	消火栓 火警电话：119 厂内电话：*** A001	生产场所构筑物内的消火栓处
4	地上消火栓	地上消火栓 编号：***	固定在距离消火栓 1m 的范围内，不得影响消火栓的使用
5	地下消火栓	地下消火栓 编号：***	固定在距离消火栓 1m 的范围内，不得影响消火栓的使用
6	灭火器	灭火器 编号：***	悬挂在灭火器、灭火器箱的上方或存放灭火器、灭火器箱的通道上，泡沫灭火器器身上应标注“不适用于电火”字样

续表

序号	名称	图形标志示例	设置范围和地点
7	消防水带	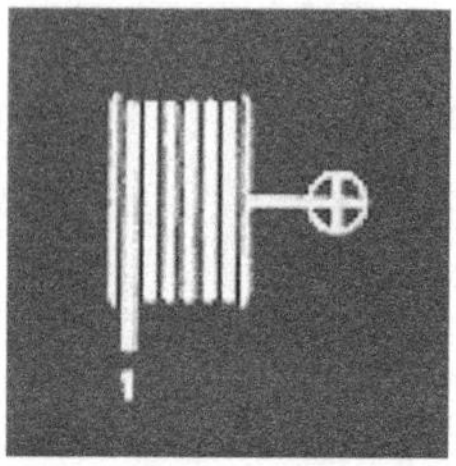	指示消防水带、软管卷盘或消火栓箱的位置
8	灭火设备或报警装置的方向		指示灭火设备或报警装置的方向
9	疏散通道方向		指示紧急出口的方向，用于电缆隧道指向最近出口处
10	紧急出口	 紧急出口 紧急出口	便于安全疏散的紧急出口处，与方向箭头结合设在通向紧急出口的通道、楼梯口等处
11	从此跨越	 从此跨越	悬挂在横跨桥栏杆上，面向人行横道
12	消防水池	1号消防水池	装设在消防水池附近醒目位置，并应编号
13	消防沙池（箱）	1号消防沙池	装设在消防沙池（箱）附近醒目位置，并应编号

七、道路标志设置规范

1.《国家电网公司电力安全工作规程 线路部分》的有关规定

根据Q/GDW 1799.2《国家电网公司电力安全工作规程 线路部分》规定，对于电力线路跨越道路或占道施工以及道路开挖施工作业，必须在不同部位设置道路警示标志牌和警示标志。具体规定如下所述。

（1）在居民区及交通道路附近开挖的基坑，应设坑盖或可靠遮栏，加挂警告标示牌，夜间挂红灯。

（2）立、撤杆应设专人统一指挥。开工前，应交代施工方法、指挥信号和安全组织、技术措施，作业人员应明确分工、密切配合、服从指挥。在居民区和交通道路附近立杆、撤杆时，应具备相应的交通组织方案，并设警戒范围或警告标志，必要时派专人看守。

（3）交叉跨越各种线路、铁路、公路、河流等放、撤线时，应先取得主管部门同意，做好安全措施，如搭好可靠的跨越架、封航、封路、在路口设专人持信号旗看守等。

（4）各类交通道口的跨越架的拉线和路面上部封顶部分，应悬挂醒目的警告标示牌。

（5）进行高处作业时，除有关人员外，不准他人在工作地点的下面通行或逗留，工作地点下面应有围栏或装设其他保护装置，防止落物伤人。如在格栅式的平台上工作，为了防止工具和器材掉落，应采取有效隔离措施，如铺设木板等。

（6）高处作业区周围的孔洞、沟道等应设盖板、安全网或围栏并有固定其位置的措施。同时，应设置安全标志，夜间还应设红灯示警。

（7）在市区或人口稠密的地区进行带电作业时，工作现场应设置围栏，派专人监护，禁止非工作人员入内。

（8）在带电设备区域内使用汽车吊、斗臂车时，车身应使用不小于16mm^{2}的软铜线可靠接地。在道路上施工应设围栏，并设置适当的警示标志牌。

（9）掘路施工应具备相应的交通组织方案，做好防止交通事故的安全措施。施工区域应用标准路栏等严格分隔，并有明显标记，夜间施工应佩戴反光标志，施工地点应加挂警示灯，以防行人或车辆等误入。

2.《中华人民共和国道路交通安全法》的有关规定

《中华人民共和国道路交通安全法》中关于设置道路警示标志牌和警示标

志的相关规定如下所述。

因工程建设需要占用、挖掘道路，或者跨越、穿越道路架设、增设管线设施，应当事先征得道路专管部门的同意；影响交通安全的，还应当征得公安机关交通管理部门的同意。

施工作业单位应当在经批准的路段和时间内施工作业，并在距离施工作业地点来车方向安全距离处设置明显的安全警示标志，采取防护措施；施工作业完毕，应当迅速清除道路上的障碍物，消除安全隐患，经道路主管部门和公安机关交通管理部门验收合格，符合通行要求后，方可恢复通行。

对未中断交通的施工作业道路，公安机关交通管理部门应当加强交通安全监督检查，维护道路交通秩序。

3. 其他规定

电力企业施工、检修单位在跨越道路和道路上占道施工，为后来的车辆及时发现并避免发生碰撞事故，必须在施工地段的两侧足够安全的距离内设置警示牌，如图 5-1 所示。

图 5-1　电力施工道路警示牌

设置道路警示牌具体要求如下所述。

（1）在高速公路上警示牌应当设置在来车方向 150m 以外。如在下雨天或拐弯处，则应当在 200m 以外设置警示牌，方能让后方车辆及早发现和慢速通行。

（2）在城市路面和普通公路上，警示牌应当设置在来车方向 50m 以外。

第二节　设备标志

设备标志是指用以标明设备名称、编号等特定信息的标志，由文字和（或）图形构成。

一、一般规定

（1）电力线路应配置醒目的标志。配置标志后，不应构成对人身伤害的潜在风险。

（2）设备标志由设备编号和设备名称组成。

（3）设备标志应定义清晰，能够准确反映设备的功能、用途和属性。

（4）同一单位每台设备标志的内容应是唯一的，禁止出现两个及以上内容完全相同或不同的设备标志。

（5）配电变压器、箱式变压器、环网柜、柱上断路器等配电装置，应设置按规定命名的设备标志。

二、架空线路标志设置规范

（1）线路每基杆塔均应配置标志牌或涂刷标志，标明线路的名称、电压等级和杆塔号。新建线路杆塔号应与杆塔数量一致。若线路改建，改建线路段的杆塔号也应与杆塔数量一致。

（2）耐张型杆塔、分支杆塔和换位杆塔前后各一基杆塔上，应有明显的相位标志。相位标志牌基本形式为圆形，标准颜色为黄色、绿色、红色。

（3）在杆塔适当位置宜喷涂线路名称和杆塔号，以便在标志牌丢失情况下仍能正确辨识杆塔。

（4）杆塔标志牌的基本形式一般为矩形、白底、红色黑体字，安装在杆塔的小号侧；特殊地形的杆塔，标志牌可悬挂在其他的醒目方位上。

（5）同杆塔架设的双（多）回线路应在横担上设置鲜明的异色标志加以区分。各回路标志牌底色应与本回路色标一致，白色黑体字（黄底时为黑色黑体字）。色标颜色按照红黄绿蓝白紫排列使用。

（6）同杆架设的双（多）回路标志牌应在每回路对应的小号侧安装，特殊情况可在回路对应的杆塔两侧安装。

（7）110kV 及以上电压等级线路悬挂高度距地面 5~12m，涂刷高度距地面 3m；110kV 及以下电压等级线路悬挂高度距地面 3~5m，涂刷高度距地面 3m。

三、电缆线路标志设置规范

（1）电缆线路均应配置标志牌，标明线路的名称、电压等级、型号、长度、起止变电站名称。

（2）电缆标志牌的基本形式是矩形、白底、红色黑体字。

（3）电缆两端及隧道内应悬挂标志牌。隧道内标志牌间距约为100m，电缆转角处也应悬挂。与架空线路相连的电缆，其标志牌固定于连接处附近的本电缆上。

（4）电缆接头盒应悬挂标明电缆编号、始点、终点及接头盒编号的标志牌。

（5）电缆为单相时，应注明相位标志。

（6）电缆应设置路径、宽度标志牌（桩）。城区直埋电缆可采用地砖等形式，以满足城市道路交通安全要求。

设备标志名称、图形标志示例及设置规范见表5–6。

表5–6 设备标志名称、图形标志示例及设置规范

序号	名称	图形标志示例	设置范围和地点
1	单回路杆号标志牌	500kV 姚郑线 001号	安装在杆塔的小号侧。特殊地形的杆塔，标志牌可悬挂在其他的醒目方位上
2	双回路杆号标志牌	500kV××Ⅰ线 001号 500kV××Ⅱ线 001号	安装在杆塔的小号侧的杆塔水平材上。标志牌底色应与本回路色标一致，字体为白色黑体字（黄底时为黑色黑体字）
3	多回路杆号标志牌	500kV××Ⅰ线 001号 500kV××Ⅱ线 001号	安装在杆塔的小号侧的杆塔水平材上，标志牌底色应与本回路色标一致，字体为白色黑体字（黄底时为黑色黑体字）。色标颜色按照红黄绿蓝白紫排列使用

续表

序号	名称	图形标志示例	设置范围和地点
4	涂刷式杆号标志	500 kV 马嵩 Ⅱ 线	涂刷在铁塔主材上，涂刷宽度为主材宽度，长度为宽度的4倍。双（多）回路塔号应以鲜明的异色标志加以区分。各回路标志底色应与本回路色标一致，白色黑体字（黄底时为黑色黑体字）
5	双（多）回路杆塔标志		标志牌装设（涂刷）在杆塔横担上，以鲜明异色区分
6	相位标志牌	A B C	装设在终端塔、耐张塔换位塔及其前后直线塔的横担上。电缆为单相时，应注明相别标志
7	涂刷式相位标志		涂刷在杆号标志的上方，涂刷宽度为铁塔主材宽度，长度为宽度的3倍
8	环网柜、电缆分接箱标志牌	10kV 金风线 001 号环网柜	装设于环网柜或电缆分接箱醒目处。基本形式是矩形、白底、红色黑体字
9	电缆标志牌	110kV ××线 自：××变电站 至：××变电站 型号：YJLW02	电缆线路均应配置标志牌，标明电缆线路的名称、电压等级、型号参数、长度和起止变电站名称。基本形式是矩形、白底、红色黑体字
10	电缆接头盒标志牌	220kV ××线 自：××变电站 至：××变电站	电缆接头盒应悬挂标明电缆编号、始点、终点及接头盒编号的标志牌
11	电缆接地盒标志牌	220kV ××线 自：××变电站 至：××变电站 长度：××m	电缆接地盒应悬挂标明电缆编号、始点、起点至接头盒长度及接头盒编号的标志牌

第三节 安全防护设施

安全防护设施是指防止外因引发的人身伤害、设备损坏而配置的防护装置和用具。

一、一般规定

（1）安全防护设施用于防止外因引发的人身伤害，包括安全帽、安全带、临时遮栏（围栏）、孔洞盖板、爬梯遮栏门、安全工器具试验合格证标志牌、接地线标志牌及接地线存放地点标志牌、杆塔拉线、接地引下线、电缆防护套管及警示线、杆塔防撞警示线等装置和用具。

（2）工作人员进入生产现场，应根据作业环境中存在的危险因素，穿戴或使用必要的防护用品。

（3）所有升降口、大小坑洞、楼梯和平台，应装设不低于1050mm高的栏杆和不低于100mm高的护板。如在检修期间需将栏杆拆除，应装设临时遮栏，并在检修工作结束后将栏杆立即恢复。

二、安全防护设施及配置规范

安全防护设施名称、图形标志示例及配置规范见表5-7。

表5-7 安全防护设施名称、图形标志示例及配置规范

序号	名称	图形标志示例	设置范围和地点
1	安全帽	（红色） （蓝色） （白色） （黄色） 安全帽背面	（1）安全帽用于作业人员头部防护。任何人进入生产现场，应正确佩戴安全帽 （2）安全帽前面有国家电网有限公司标志，后面为单位名称及编号，并按编号定置存放 （3）安全帽实行分色管理。红色安全帽为管理人员使用，黄色安全帽为运维人员使用，蓝色安全帽为检修（施工、试验等）人员使用，白色安全帽为外来参观人员使用

续表

序号	名称	图形标志示例	设置范围和地点
2	安全带		（1）安全带用于防止高处作业人员发生坠落或发生坠落后将作业人员安全悬挂 （2）在没有脚手架或者在没有栏杆的脚手架上工作，高度超过1.5m时，应使用安全带 （3）安全带应标注使用班站名称、编号，并按编号定置存放 （4）安全带存放时应避免接触高温、明火、酸类以及有锐角的坚硬物体和化学药物
3	安全工器具试验合格证标志牌	安全工器具试验合格证 名称:________ 编号: 试验日期:_____年__月__日 下次试验日期:____年__月__日	（1）安全工器具试验合格证标志牌贴在经试验合格的安全工器具的醒目位置 （2）安全工器具试验合格证标志牌可采用粘贴力强的不干胶制作，规格为60mm×40mm
4	接地线标志牌及接地线存放地点标志牌	01号接地线 D_1 编号：01 电压：110kV D	（1）接地线标志牌固定在地线接地端线夹上 （2）接地线标志牌应采用不锈钢板或其他金属材料制成，厚度1.0mm （3）地线标志牌尺寸为D=30~50mm，D_1=2.0~3.0mm （4）接地线存放地点标志牌应固定在接地线存放醒目位置
5	临时遮栏（围栏）		（1）临时遮栏（围栏）适用于下列场所 ①有可能高处落物的场所 ②检修、试验工作现场与运行设备的隔离 ③检修、试验工作现场规范工作人员活动范围 ④检修现场安全通道

续表

序号	名称	图形标志示例	设置范围和地点
5	临时遮栏（围栏）	带电侧 检修侧	⑤检修现场临时起吊场地 ⑥防止其他人员靠近的高压试验场所 ⑦安全通道或沿平台等边缘部位，因检修卸下拆除常设栏杆的场所 ⑧事故现场保护 ⑨需临时打开的平台、地沟、孔洞盖板周围等 （2）临时遮栏（围栏）应采用满足安全、防护要求的材料制作。有绝缘要求的临时遮栏应采用干燥木材、橡胶或其他坚韧绝缘材料制成 （3）临时遮栏（围栏）高度应为1050~1200mm，防坠落遮栏应在下部装设不低180mm高的挡脚板 （4）临时遮栏（围栏）强度和间隙应满足防护要求，装设应牢固可靠 （5）临时遮栏（围栏）应悬挂安全标志，位置根据实际情况而定
6	孔洞盖板	覆盖式 镶嵌式	（1）适用于生产现场需打开的孔洞 （2）孔洞盖板均应为防滑板，且应覆以与地面齐平的坚固的有限位的盖板。盖板边缘应大于孔洞边缘100mm，限位块与孔洞边缘距离不得大于25~30mm，网络板孔眼不应大于50mm×50mm （3）在检修工作中如需将孔洞盖板取下，应设临时围栏。临时打开的孔洞，施工结束后应立即恢复原状；夜间不能恢复的，应加装警示红灯 （4）孔洞盖板可制成与现场孔洞互相配合的矩形、正方形、圆形等形状，选用镶嵌式、覆盖式，并在其表面涂刷45°黄黑相间的等宽条纹，宽度宜50~100mm （5）孔洞盖板拉手可做成活动式，或在盖板两侧设直径约8mm小孔，便于钩起

续表

序号	名称	图形标志示例	设置范围和地点
7	杆塔拉线、接地引下线、电缆防护套管及警示标识		(1)在线路杆塔拉线、接地引下线、电缆的下部，应装设防护套管，也可采用反光材料制作的防撞警示标识 (2)防护套管及警示标识，长度不小于1.8m，黄黑相间，间距宜为200mm
8	杆塔防撞警示线	200mm 200mm 200mm 200mm	(1)在道路中央和马路沿外1m内的杆塔下部，应涂刷防撞警示线 (2)防撞警示线采用道路标线涂料涂刷，带荧光，其高度不小于1200mm，黄黑相间，间距200mm
9	过滤式防毒面具和正压式消防空气呼吸器	过滤式防毒面具 正压式消防空气呼吸器	(1)电缆隧道应按规定配备防毒面具和正压式消防空气呼吸器 (2)过滤式防毒面具是在有氧环境中使用的呼吸器 (3)过滤式防毒面具应符合相关规定。使用时，空气中氧气浓度不低于18%，温度为-30℃~+45℃，且不能用于槽、罐等密闭容器环境 (4)过滤式防毒面具的过滤剂有一定的使用时间，一般为30~100min。过滤剂失去过滤作用(面具内有特殊气味)时，应及时更换 (5)过滤式防毒面具应存放在干燥、通风，无酸、碱、溶剂等物质的库房内，严禁重压。防毒面具的滤毒罐(盒)的储存期为5年(3年)，过期产品检验合格后方可使用 (6)正压式消防空气呼吸器是用于无氧环境中的呼吸器 (7)正压式消防空气呼吸器应符合相关规定 (8)正压式消防空气呼吸器在贮存时应装入包装箱内，避免长时间暴晒，不能与油、酸、碱或其他有害物质共同储存，严禁重压

第六章

典型违章举例与案例分析

第一节　典型违章举例

一、按违章性质举例

按照严重程度由高至低，违章可以分为Ⅰ类严重违章、Ⅱ类严重违章、Ⅲ类严重违章和一般违章。

（一）Ⅰ类严重违章

1. 管理违章

（1）无日计划作业，或实际作业内容与日计划不符。

（2）使用达到报废标准的或超出检验期的安全工器具。

（3）同一工作负责人同时执行两张及以上工作票。

（4）工作负责人（作业负责人、专责监护人）不在现场，或劳务分包人员担任工作负责人（作业负责人）。

（5）存在重大事故隐患而不排除，冒险组织作业；存在重大事故隐患被要求停止施工、停止使用有关设备、设施、场所或者立即采取排除危险的整改措施，而未执行的。

2. 行为违章

（1）在运用中电气设备上及相关场所的工作，未按照《安规》规定使用工作票、事故紧急抢修单。

（2）未按照《安规》规定使用动火票。

（3）公司系统电网生产作业未经调度管理部门或设备运维管理单位许可，擅自开始工作。

（4）在用户管理的变电站或其他设备上工作时未经用户许可，擅自开始工作。

（5）超出作业范围未经审批。

（6）作业点未在接地保护范围。

（7）在高处作业、垂直交叉作业、深基坑作业、组塔架线、起重吊装等存在高坠、物体打击风险的作业区域内，人员未戴安全帽。

（8）高处作业、攀登或转移作业位置时失去保护。

（9）作业人员不清楚工作任务、危险点。

（二）Ⅱ类严重违章

1. 管理违章

（1）在带电设备附近作业前，未根据带电体安全距离要求，对施工作业中可能进入安全距离内的人员、机具、构件等计算校核。

（2）在带电设备附近作业计算校核的安全距离与现场实际不符，不满足安全要求。

（3）在带电设备附近作业安全距离不够时，未采取绝缘遮蔽或停电作业等有效措施。

（4）约时停、送电；带电作业约时停用或恢复重合闸。

（5）未及时传达学习国家、公司的安全工作部署，未及时开展公司系统安全事故（事件）通报学习、安全日活动等。

（6）安全生产巡查通报的问题未组织整改或整改不到位。

（7）针对公司通报的安全事故事件、要求开展的隐患排查，未举一反三组织排查；未建立隐患排查标准，分层分级组织排查。

（8）两个及以上专业、单位参与的改造、扩建、检修等综合性作业，未成立由上级单位领导任组长，相关部门、单位参加的现场作业风险管控协调组；现场作业风险管控协调组未常驻现场督导和协调风险管控工作。

2. 行为违章

（1）在带电设备周围使用钢卷尺、金属梯等禁止使用的工器具。

（2）超允许起重量起吊。

（3）乘坐船舶或水上作业超载，或不使用救生装备。

（4）在运行站内使用吊车、高空作业车、挖掘机等大型机械开展作业，未经设备运维单位批准即改变施工方案规定的工作内容、工作方式等。

3. 既是管理违章又是行为违章

未按照要求开展电网风险评估，及时发布电网风险预警、落实有效的风险管控措施。

（三）Ⅲ类严重违章

1. 管理违章

（1）现场作业人员未经安全准入考试并合格；新进、转岗和离岗 3 个月以上电气作业人员，未经专门安全教育培训，并经考试合格上岗。

（2）不具备“三种人”资格的人员担任工作票签发人、工作负责人或许可人。

（3）特种设备作业人员、特种作业人员、危险化学品从业人员未依法取得资格证书。

（4）特种设备未依法取得使用登记证书、未定期检验或检验不合格。

（5）票面上设备无双重名称，或名称及编号不唯一、不正确、不清晰。

（6）将高风险作业定级为低风险。

（7）安全风险管控平台上的作业开工状态与实际不符；作业现场未布设与安全风险管控平台作业计划绑定的视频监控设备，或视频监控设备未开机、未拍摄现场作业内容。

（8）跨越带电线路展放导（地）线作业，跨越架、封网等安全措施均未采取。

（9）链条葫芦、手扳葫芦、吊钩式滑车等装置的吊钩和起重作业使用的吊钩无防止脱钩的保险装置。

（10）绞磨、卷扬机放置不稳；锚固不可靠；受力前方有人；拉磨尾绳人员位于锚桩前面或站在绳圈内。

（11）自制施工工器具未经检测试验合格。

（12）违规使用没有“一书一签”（化学品安全技术说明书、化学品安全标签）的危险化学品。

（13）现场规程没有每年进行一次复查、修订并书面通知有关人员；不需修订的情况下，未由复查人、审核人、批准人签署“可以继续执行”的书面文件并通知有关人员。

（14）作业现场被查出一般违章后，未通过整改核查擅自恢复作业。

（15）领导干部和专业管理人员未履行到岗到位职责，相关人员应到位不到位、应把关而不把关、到位后现场仍存在严重违章。

（16）安监部门、安全督查中心、安全督查队伍不履责、未按照分级全覆盖要求开展督查、本级督查后又被上级督查发现严重违章、未对停工现场执行复查或核查。

（17）作业现场视频监控终端无存储卡或不满足存储要求。

2. 行为违章

（1）票面（包括作业票、工作票及分票、动火票等）缺少工作负责人、工作班成员签字等关键内容。

（2）作业人员擅自穿越、跨越安全围栏、安全警戒线。

（3）未按规定开展现场勘察或未留存勘察记录；工作票（作业票）签发人和工作负责人均未参加现场勘察。

（4）三级及以上风险作业管理人员（含监理人员）未到岗到位进行管控。

（5）电力线路设备拆除后，带电部分未处理。

（6）进行高压带电作业时，作业人员未穿戴绝缘手套等绝缘防护用具；进行高压带电断、接引线或带电断、接空载线路时，未戴护目镜。

（7）重要工序、关键环节作业未按施工方案或规定程序开展作业；作业人员未经批准擅自改变已设置的安全措施。

（8）起吊或牵引过程中，受力钢丝绳周围、上下方、内角侧和起吊物下面，有人逗留或通过。

（9）起重作业无专人指挥。

（10）汽车式起重机作业前未支好全部支腿；支腿未按规程要求加垫木。

（11）使用金具U形环代替卸扣；使用普通材料的螺栓取代卸扣销轴。

（12）在易燃易爆或禁火区域携带火种、使用明火、吸烟；未采取防火等安全措施在易燃物品上方进行焊接，下方无监护人。

（13）生产和施工场所未按规定配备消防器材或配备不合格的消防器材。

（14）作业现场违规存放民用爆炸物品。

（15）擅自倾倒、堆放、丢弃或遗撒危险化学品。

（16）带负荷断、接引线。

3. 既是管理违章又是行为违章

（1）高边坡施工未按要求设置安全防护设施；对不良地质构造的高边坡，未按设计要求采取锚喷或加固等支护措施。

（2）未经批准，擅自将自动灭火装置、火灾自动报警装置退出运行。

（3）对“超过一定规模的危险性较大的分部分项工程”（含大修、技改等项目），未组织编制专项施工方案（含安全技术措施），未按规定论证、审核、审批、交底及现场监督实施。

（四）一般违章

1. 管理违章

（1）作业方案“三措”审批未填写审批意见和日期，或编制时间早于现场勘察时间，工作票签发时间早于现场勘察时间。复勘后需要调整三措时未重新编制、修改三措。

（2）一张工作票下设多个小组工作，工作负责人（或现场小组负责人）现场未留存工作任务单。

（3）同杆塔架设多回线路部分停电工作，工作前未发给作业人员相对应线路的识别标记。

（4）带电作业高架绝缘斗臂车、起重机具未对照标准进行检查和试验，无相关检查和试验记录。

2. 行为违章

（1）作业人员进入作业现场未正确戴安全帽，未穿全棉长袖工作服、绝缘鞋。

（2）作业现场的专责监护人兼做其他工作。

（3）在杆塔上作业时，安全带和后备保护绳未分别挂在杆塔不同部位的牢固构件上，安全带后备保护绳对接使用或超过3m未使用缓冲器。

（4）高空抛物。

（5）使用软梯、挂梯作业或用梯头进行移动作业时，多人在软梯、挂梯或梯头上工作；到达梯头上进行工作和梯头开始移动前，梯头的封口未封闭，或未用保护绳防止梯头脱钩。

（6）安全带低挂高用。

（7）杆塔上作业，需要携带工具时未使用工具袋，较大的工具未固定在牢固的构件上。

（8）高处作业时，工件、边角余料随便放、未扣牢。

（9）高处作业时，工作地点下面未按坠落半径设围栏或其他保护装置；无关人员在工作地点下方通行或逗留。

（10）在 330kV 及以上带电线路杆塔上及变电站构架上作业或在 ±400kV 及以上电压等级的直流线路单极停电侧工作，未采取相应的屏蔽和防护措施。

（11）邻近高压线路，杆塔或地面上作业人员未用绝缘绳索传递大件金属物品，未将金属物品接地后再接触。

（12）同杆塔架设多回线路中部分线路停电，登杆塔和在杆塔上工作时，未对每基杆塔都设专人监护。

（13）带电断、接空载线路时，作业人员未戴护目镜，未采取消弧措施。

（14）带电作业工具在运输过程中，带电绝缘工具未装在专用工具袋、工具箱或专用工具车内。

（15）现场使用的带电作业工具未放置在防潮的帆布或绝缘垫上。

（16）装、拆保护间隙的人员未穿全套屏蔽服。

（17）在道路上起重作业未设围栏和警示标志牌。带电设备区域内作业的汽车吊、斗臂车未可靠接地。

（18）使用绝缘操作杆、验电器和测量杆时，长度未拉足或作业人员手越过护环或手持部分的界限。

（19）卸扣处于吊件的转角处，卸扣横向受力。

（20）线路作业中使用的滑车拴挂在不牢固的结构物上。

（21）绞磨作业时，拉磨尾绳少于 2 人。

（22）戴手套或单手抡大锤，周围有人靠近。

（23）使用金属外壳的电气工具时未戴绝缘手套。

（24）因故离开工作场所或暂停工作时，未切断使用中的电气工具电源。

3. 装置违章

（1）硬质梯子无防滑措施，横担未嵌在支柱上；使用单梯工作时，梯与地面的斜角过小或过大，距梯顶 1m 处无限高标志，梯阶的距离大于 0.4m。

（2）起吊物件时，在物体棱角处和光滑部位与绳索（吊带）接触处未加以包垫。

（3）在城区、人口密集区地段或交通路口和通行道路上施工时，工作场所周围未装设遮栏（围栏）和标示牌。

（4）牵引绳从绞磨（卷扬机）卷筒上方卷入，在卷筒上少于5圈（卷扬机3圈）。

（5）合成纤维吊装带使用中无法避免与尖锐棱角接触时，未加装护套。

（6）施工机械设备转动部分无防护罩或牢固的遮栏。

（7）使用中电气设备的金属外壳无良好的接地装置。

（8）电动工具未做到“一机一闸一保护”。

（9）电动工具、机具接地或接零不良。

二、按违章类别举例

（一）管理性违章

（1）未取得带电作业资格人员从事带电作业工作。

（2）对违章不制止，未按规定落实对违章人员的处罚，对违章或问题未整改闭环。

（3）工作票所列安全措施未做完整就进行工作。

（4）作业不按规定使用工作票、操作票（如：应使用一种工作票而使用其他票面、应使用输电工作票而使用配电或变电票面，使用未审核的操作票）。施工方案编制时间早于初勘时间。

（5）没有每年公布工作票签发人、工作负责人、工作许可人、有权单独巡视高压设备人员名单。

（6）按规定应进行现场勘察而未现场勘察就进行工作。

（7）安全第一责任人未按规定主管安全监督机构。

（8）安全第一责任人未按规定主持召开安全分析会。

（9）未明确和落实各级人员安全生产岗位职责。

（10）未按规定设置安全监督机构和配置安全员。

（11）未按规定落实安全生产措施、计划、资金。

（12）未按规定配置现场安全防护装置、安全工器具和个人防护用品。

（13）设备变更后相应的规程、制度、资料未及时更新。

（14）现场规程没有每年进行一次复查、修订和书面通知有关人员。

（15）对新入厂的生产人员，未组织三级安全教育或员工未按规定组织《安规》考试；对现场招用的临时民工未实施“零星外来人员安全教育”。

（16）没有每年公布工作票签发人、工作负责人、工作许可人、有权单独巡视高压设备人员名单。

（17）对排查出的事故隐患未制订整改计划或未落实整改治理措施。

（18）设计、采购、施工、验收未执行有关规定，造成设备装置性缺陷。

（19）临时劳务协作工无资质从事有危险性的高空作业。

（20）指派未具备岗位资质的人员担任工作票中的签发人、工作负责人和许可人。

（21）特种作业人员上岗前未经过规定的专业培训，无证人员从事特殊工种作业，无证驾驶机动车辆。

（22）对违章不制止、不考核。

（23）本单位原因造成设备经评价应检修而未按期检修、缺陷消除超过规定时限、工器具试验超周期。

（24）设备缺陷管理流程未闭环。

（25）对事故未按照“四不放过”原则进行调查处理。

（26）安排或默许无票作业、无票操作。

（二）行为性违章

1. 通用

（1）酒后从事电气检修施工作业或其他特种作业。

（2）人在梯子上工作时移动梯子。

（3）现场小组工作负责人没有佩戴小组工作负责人袖标、工作负责人未佩戴袖标或穿红马甲；工作负责人未随身携带工作票；专责监护人参与现场施工作业，其离开作业现场后，被监护人员仍在作业。

（4）专责监护人进行直接操作，或者监护范围超过一个作业点。

（5）漏挂（拆）、错挂（拆）禁止类警告标示牌、“在此工作”标识牌等。

（6）高处作业人员携带除个人工器具和传递绳以外的材料、工器具上杆塔，随手上下抛掷器具、材料。

（7）工具或材料浮搁在高处。

（8）用抛掷的方式向上或向下传递物件。

（9）不按规定使用电动工具。

（10）工作班成员擅离工作现场。

（11）发生违章被指出后仍不改正。

（12）在无安全技术措施，或未进行安全技术交底情况下，进行下列工作：

①难度较大的或首次进行的带电作业；

②重要或首次进行的电气试验；

③主变压器吊运、装卸；

④线路工作中的铁塔倒装组立、起重机组塔、高度超过 15m 的越线架搭设、紧线、临近高压电力线作业。

（13）在导、地线上挂梯作业，导、地线的截面积不符合规定；未按规定进行验算。

（14）在瓷横担线路上进行挂梯作业。

（15）不按规定带电断、接引线或短接设备。

（16）作业结束未做到“工完、料尽、场地清”，或未及时封堵孔洞、盖好沟道盖板。

（17）工程车辆客货混装行驶，或超员超载行驶，或驾驶车辆时存在妨碍安全驾驶行为。

（18）擅自将单位车辆交给无准驾证人员驾驶，使用失效的准驾证驾驶单位车辆。

（19）未使用绝缘工具直接或间接接触高压带电设备上的物体，如用手直接去取倒在高压带电导线上的树枝。

（20）雷雨天气，在室外线路设备上、室内的架空引入线上进行检修和试验或进行线路绝缘的测量工作。

2. 工作票执行

（1）工作票（包括变电、线路、配电、动火工作票，施工作业票）未带到工作现场。

（2）工作票所填安全措施不全、不准确，与现场实际不符，或与现场勘察记录不符。

（3）工作延期未办理工作票（施工作业票）延期手续或工作结束未及时办理工作票终结手续。

（4）在未办理工作票终结手续前或在不交回工作票的工作间断期间，工作负责人收执另一份工作票工作。

（5）作业时未按工作票执行流程执行。

（6）工作前未进行“三交三查”。

（7）工作票上工作班成员或人数与实际不符。

（8）应设专责监护（看护）的作业或地点而未设的，专责监护（看护）不到位。

（9）已工作终结或已拆除现场接地线后，又进入该施工（检修）区域或再攀登杆塔。

（10）未经许可工作，但擅自进入检修设备区或攀登线路杆塔。

（11）工作负责人擅离工作现场且未指定其他监护人。

（12）既无工作票又无口头或电话命令，擅自在电气设备（含高压线路）上工作。

（13）未经许可将实际工作内容超出工作票所填项目。

（14）未按工作票的要求实施安全措施或擅自变更工作票（施工作业票）上要求的安全措施。

（15）未得到许可即开始工作。每日收工和次日开工前，未履行工作间断手续。

3. 输电带电作业

（1）不符合天气条件进行带电作业。

（2）应停用重合闸或直流再启动保护的带电作业工作未停用重合闸或直流再启动保护。

（3）带电作业（包括跨越带电线路的施工作业）中约时停用、恢复重合闸。

（4）地电位作业人员人身与带电体的安全距离不符合规定。

（5）绝缘操作杆、绝缘承力工具和绝缘绳索的有效绝缘长度不符合规定。

（6）带电作业使用非绝缘绳索。

（7）带电更换绝缘子或在绝缘子串上的作业，最少良好绝缘子片数不符合规定。

（8）等电位作业人员与接地体的最小安全距离不符合规定、等电位作业人员与邻相导线的最小安全距离不符合规定。

（9）等电位作业人员进入电场过程中组合间隙不符合规定。

（10）等电位作业人员未得到工作负责人许可即进行电位转移。

（11）等电位作业人员与地电位作业人员采用非绝缘工具或绳索传递工具或材料。

（12）带电作业中用酒精、汽油等易燃品擦拭带电体及绝缘部分。

（13）高架绝缘斗臂车操作人员未持证上岗。

（14）带电作业人员未使用或未正确使用防护用具和安全工器具。

（15）将不合格的带电作业工器具带至作业现场使用。

（16）带电作业工具使用前，未按规定进行检查和绝缘检测。

（17）带电作业工具以小带大使用。

（18）劳动防护用品及安全工器具。

（19）等电位作业人员全套屏蔽服未连接或连接不可靠。屏蔽服内未穿阻燃内衣。

（20）雷雨天气巡视或操作室外高压设备不穿绝缘靴。

（21）进行焊接或切割作业，操作人员未穿戴专用工作服、绝缘鞋、防护手套等劳动防护用品，或衣着敞领卷袖。

（22）作业中使用不合格的工器具、使用不合格的梯子。

（23）作业现场不戴安全帽或不系帽带。

（24）现场工作中，作业人员穿背心、短裤，女性作业人员穿高跟鞋，裙子，长发未盘起。

（25）报废的安全工器具、施工机具及失效的解锁钥匙未及时处理或混放。

（三）装置性违章

（1）直线型重要交叉跨越塔跨越 110kV 及以上线路和铁路、高速公路等，未采用双悬垂绝缘子串结构。

（2）现场使用的临时电源、电源线盘无漏电保护器或保护器失效。

（3）铁塔、钢管塔无接地引下线或无接地体。

（4）变电站设备、平行或同杆架设多回路线路无色标、分合指示、旋转方向、切换位置等。

（5）高处走道、楼梯无栏杆。

（6）防小动物措施不满足规定要求。

（7）电气设备外壳、避雷器无接地或接地不规范。

（8）电气设备无安全警示标志或未根据有关规程设置固定遮（围）栏。

（9）梯子没有加装或缺失防滑装置；无限高标识；人字梯无限制开度装置；上下梯无人扶持；梯子架设在不稳定的支持物上或高处作业时，作业时无人扶持或未固定。

（10）大锤及手锤的柄未用整根的硬木制成，用其他材料替代。

（11）安全工器具检验合格标签掉落或字迹模糊不清，无法辨别有效期等关键信息，使用存在断股、磨损严重的安全工器具。

（12）使用的安全防护用品、用具无生产厂家、许可证编号、生产日期及国家鉴定合格证书。

（13）安全帽帽壳破损、缺少帽衬（帽箍、顶衬、后箍），缺少下颚带等。

（14）高低压线路对地、对建筑物等安全距离不够。

（15）电力设备拆除后，仍留有带电部分未处理。

（16）线路杆塔无线路名称和杆号，或名称和杆号不唯一、不正确。

（17）线路接地电阻不合格或架空地线未对地导通。

（18）安全带（绳）断股、霉变、损伤或铁环有裂纹、挂钩变形、缝线脱开等。

（19）平行或同杆架设多回路线路无色标。

（20）带电作业工器具未按规定定期试验。

第二节　事故案例分析

【案例一】某公司220kV更换整串绝缘子工作，导线松脱，造成该220kV线路和下方的35kV线路跳闸

1. 事故经过

某供电局运行处带电班在某220kV线路上用前后卡具收紧整串绝缘子的方法更换129#杆塔边相绝缘子。由于第二片绝缘子在基建时弹簧销子漏装，以致收紧绝缘子串时第二片与第一片绝缘子的连接球头便因绝缘子串松弛而仅挂住一小部分。当更换好绝缘子取下卡具后，绝缘子串连同导线一起恰好落在被跨越的某35kV线路的65#~66#杆的导线上，除该35kV线路跳闸外，还使某35kV变电站避雷器爆炸。

2. 违章分析

（1）根据《国家电网公司电力安全工作规程（电力线路部分）》第11.1.9条之规定，更换直线绝缘子串或移动导线时，当采用单吊线装置时，应采用防止导线脱落的后备保护措施。

（2）工作人员安全意识淡薄，在安装前后卡具前，未进行绝缘子串连接装置的外观检查，导致绝缘子销子漏检。

（3）拆除前后卡具前，未检查绝缘子串受力情况，导致导线脱落。

（4）个别工作人员业务技术水平低，工作中安全意识薄弱，思想麻痹大意，工作粗心大意。

3. 防范措施

（1）工作开始前必须认真组织全体作业人员学习《国家电网公司电力安全工作规程（电力线路部分）》、《输电线路带电作业现场操作规程》和带电作业方案，并在工作中认真执行：开展更换直线绝缘子串或移动导线作业，当采用单吊线装置时，应采用防止导线脱落的后备保护措施。

（2）加强对工作负责人的培训，增强工作负责人的安全意识，提高组织领导能力，选用安全意识高、责任心强的人员为工作负责人。

（3）工作负责人应认真履行现场安全监护职责。

（4）工作班成员应对被更换的绝缘子串各部连接情况进行仔细检查。

（5）工作班成员应遵守安全规程和劳动纪律，在确定的作业范围内工作，对自己在工作中的行为负责，相互关心工作安全。

【案例二】带电更换绝缘子，安全距离不足导致触电

1. 事故经过

2008 年 5 月，某供电局线路工区带电班长陈某（技师）等 7 人，在 220kV** 线路 25 号耐张干字塔带电更换内角大号侧整串绝缘子，工作负责人陈某派赵某（高级工）带绝缘绳上塔进行地电位操作，钱某登软梯进行等电位工作，自己在地面监护。更换完成，赵某急于下塔，在横担上转移过程中，忘记上方带电的引流线，由于动作过大，引流对赵某放电，赵某手臂、颈部等处严重烧伤，抢救无效死亡。

2. 违章分析

（1）赵某工作过程中思想不集中，作业转位时没注意与带电体应保持的安全距离（220kV 应与带电体保持 1.8m），因动作过大导致安全距离不足而放电。

（2）工作负责人陈某未及时制止赵某的违章作业行为。

3. 防范措施

（1）带电作业应设专责监护人，复杂或高杆塔作业应增设塔上监护人。

（2）220kV 输电线路带电作业时，人身应与带电导线保持不小于 1.8m 的安全距离。

（3）工作负责人（专责监护人）应严格督促、监护作业人员遵守《安规》，及时纠正作业人员的不规范行为。

（4）等电位作业人员应增强安全意识，时刻保持与带电体的安全距离，时刻注意自身作业环境中的危险点，并采取可靠的防范措施，带电作业过程中，动作幅度不得过大，以免安全距离不足导致触电。

【案例三】在 220kV 线路进行绝缘子检测工作时，触及架空地线，导致感应电触电，高处坠落死亡

1. 事故经过

某供电公司带电班班长甲，带领 2 名工人乙、丙在某 220kV 线路上做检测绝缘子的工作。线路为双杆、水平排列，地线为绝缘地线，作业点为直线杆。乙上杆作业。乙上杆检测完右边相和中相绝缘子以后，解下安全带，上了横担，走向左边相绝缘子，绕过左边线地线支架，左手抓吊杆，穿越架空地线时，触及带感应电的架空地线，从 13m 高的横担上摔下，抢救无效死亡。事后验明地线上感应电压为 9kV。

2. 违章分析

（1）塔上地电位电工在作业中没有与绝缘架空地线保持不小于 0.4m 安全距离，触及带感应电的架空地线，导致感应电触电。

（2）塔上地电位电工感应电触电后，动作失稳，且作业转位中失去安全带保护，从横担上高空坠落是事故发生的直接原因。

（3）带电班班长作为现场监护人履行现场安全监护职责不到位，未能及时纠正塔上地电位电工的不安全行为是事故发生的主要原因。

3. 防范措施

（1）绝缘架空地线应视为带电体，作业人员应与绝缘架空地线保持不小于 0.4m 的安全距离。

（2）作业人员杆塔上作业应正确使用安全带，转位时不得失去安全带保护。

（3）带电作业应设专责监护人，复杂或高杆塔作业必要时应增设塔上监护人。

（4）专责监护人应对工作班成员的安全认真监护，及时纠正不安全行为。

（5）工作班成员应遵守安全规程和劳动纪律，在确定的作业范围内工作，对自己在工作中的行为负责，相互关心工作安全。

【案例四】××供电公司“2.7”触电坠落人身死亡事故

1. 事故经过

××××年2月7日，××供电公司送电专业室带电班在等电位带电作业处理330kV××二回线路缺陷过程中，发生触电高空坠落人身死亡事故，造成1人死亡。

当日，××供电公司送电专业室安排带电班带电处理330kV 3033××二回线路#180塔中相小号侧导线防震锤掉落缺陷（该缺陷于2月6日发现），办理了电力线路带电作业工作票，工作票签发人王××，工作班人员有李××（死者，工作负责人，男，28岁，工龄9年，带电班副班长）、专责监护人刘××等6人，作业方法为等电位作业。14时38分，工作负责人向地调调控人员提出工作申请，14时42分，××地调调控人员向省调调控人员申请并得以同意。14时44分，地调调控人员通知带电班可以开工。16时10分左右，工作人员乘车到达作业现场，工作负责人李××现场宣读工作票及危险点预控分析，并进行现场分工，工作负责人李××攀登软梯作业，王××登塔悬挂绝缘绳和绝缘软梯，刘××为专责监护人，地面帮扶软梯人员为王×、刘×和一名配合人员。绝缘绳及软梯挂好，检查牢固可靠后，工作负责人李××开始攀登软梯，16时40分左右，李××登到距离梯头（铝合金）0.5m左右时，导线上悬挂梯头通过人体所穿屏蔽服对塔身放电，导致其从距地面26m左右的高处跌落到铁塔平口处（距地面23m）后坠落地面（此时作业人员还未系安全带），侧身着地，地面人员观察李××还有微弱脉搏。现场人员立即对其进行现场急救，并拨打电话向当地120和单位领导求救。由于担心120救护车无法找到工作地点，现场人员将李××抬到车上，一边向医院方向行驶，一边在车上实施救护。17时12分左右，与120救护车在公路上相遇，由医护人员继续抢救，17时50分左右，救护车行驶至医院门口时，李××心跳停止，医护人员宣布死亡。

2. 违章分析

本次作业的 330kV××线铁塔为 ZMT1 型，由 ZM1 型改进，中相挂线点到平口的距离由原来的 10.32m 缩短到 8.1m；档窗的 K 接点距离由 9.2m 延长到 9.28m；两边相的距离由 17m 缩短到 13m。但由于此次作业忽视改进塔形的尺寸变化，事前未按规定进行组合间隙验算。作业人员沿绝缘软梯进入强电场作业，绝缘软梯挂点选择不当，造成安全距离不能满足《安规》等电位作业最小组合间隙及《××省电力系统带电作业现场安全工作规程》的规定（经海拔修正后此地区应为 3.4m），此次作业在该铁塔无作业人员时的最小间隙距离约为 2.5m，作业人员进入后组合间隙仅余 0.6m，是导致事故发生的主要原因。

3. 防范措施

（1）严格作业指导书的制定、执行，作业指导书应对作业中涉及的各种安全距离进行校核。

（2）等电位作业应校验组合间隙是否满足要求。

（3）高处作业转位时不得失去安全带的保护。

（4）加强带电作业安全管理。

【案例五】××供电公司在带电检测 110kV××线零值绝缘子过程中，作业人员从杆塔上坠落导致重伤

1. 事故经过

6 月 2 日，××供电公司输电线路部检安三队在带电检测××线零值绝缘子过程中，奚××、余××两人负责 50~59 号杆绝缘子的测试。上午 9 时 55 分左右，两人准备测试 58 号杆，余××地面监护，奚××登杆作业。奚××越翻横担时，解开了安全带，脚扣放到横担下方，翻越到横担上后，站立系安全带过程中失去控制坠落地面，导致重伤。

2. 违章分析

（1）作业人员奚××未认真执行安全带相关操作规定，个人失误导致坠落事故的发生。

（2）监护人余××未严格履行监护职责，未及时对杆上作业人员提醒安全注意事项。

（3）检安三队队长汤×和现场工作负责人涂××在此次作业前对工作

相关安全注意事项强调不够。

（4）输电线路部对职工的安全教育培训效果不佳。

3. 防范措施

（1）按照高空作业人员的上岗资格要求，考核清理现有高空作业人员。

（2）制定登高作业操作指导书。

（3）加强作业过程的监护。

（4）严格执行“三防十要”反事故措施。

【案例六】×× 供电公司在带电更换 220kV×× 线路 25 号耐张干字塔内角大号侧整串绝缘子过程中，发生作业人员触电死亡事故

1. 事故经过

×××× 年 5 月，×× 供电公司线路专业室带电班长陈 ×（技师）等 7 人，在 220kV×× 线路 #25 耐张干字塔带电更换内角大号侧整串绝缘子，工作负责人陈 × 派赵 ××（高级工）带绝缘绳上塔进行地电位操作，钱 × 登软梯进行等电位工作，自己在地面监护。更换完成，赵 ×× 急于下塔，在横担上转移过程中，忘记上方带电的引流线，由于动作过大，引流对赵 ×× 放电，赵 ×× 手臂、颈部等处严重烧伤，抢救无效死亡。

2. 违章分析

赵 ×× 工作过程中思想不集中，作业转位时没注意与带电体应保持安全距离（220kV 应与带电体保持 1.8m），动作过大导致安全距离不足而放电。

3. 防范措施

（1）复杂作业应设塔上监护人。

（2）220kV 带电作业应与带电导线保持 1.8m 的安全距离。

（3）地面监护人履行监护职责不到位。

（4）落实工作班成员监督现场安全措施。

第七章

班组安全管理

第一节　班组安全责任

带电作业班组的安全职责如下所述。

（1）贯彻落实“安全第一、预防为主、综合治理”的方针，按照“五级五控”制定本班组年度安全生产目标及保证措施，布置落实安全生产工作，并贯彻实施。

（2）执行各项安全工作规程，开展作业现场危险点预控工作，执行“两票三制”。执行检修规程及工艺要求，确保生产现场的安全，保证生产活动中人员与设备的安全。

（3）做好班组管理，做到工作有标准，岗位责任制完善并落实，设备台账齐全，记录完整。制订本班组年度安全培训计划，做好新入职人员、变换岗位人员的安全教育培训和考试。

（4）开展定期安全检查、隐患排查、安全生产月和专项安全检查等活动，积极参加上级组织的各类安全分析会议、安全大检查活动。

（5）开展班前会、班后会，做好出工前“三交三查”工作，主动汇报安全生产情况。

（6）每月定期开展安全生产月度例会，综合分析安全生产形势和管理上存在的薄弱环节，提出防范对策；针对有关安全事故（事件）组织开展分析会，查找事故（事件）原因，制定并落实反事故措施。

（7）组织开展每周（或每个轮值）一次的安全日活动，结合工作实际开展经常性、多样性、行之有效的安全教育活动。

（8）结合安全性评价结果，组织编制班组的年度“两措”计划，经审批后组织实施。

（9）建立有系统、分层次、分工明确、相互协调的事故应急处理体系，并参加上级单位组织的反事故演习。

（10）开展班组现场安全检查和自查自纠工作，制止人员的违章行为。

（11）定期组织开展对带电作业工器具及劳动保护用品的检查，对发现的问题及时处理和上报，确保作业人员工器具及防护用品符合国家、行业或地方标准要求。

（12）执行安全生产规章制度和操作规程。执行现场作业标准化，正确使用标准化作业程序卡，参加带电作业的安全技术措施审查，确保作业安全。

（13）执行电力安全事故（事件）报告制度，及时汇报安全事故（事件），保证汇报内容准确、完整，做好事故现场保护，配合开展事故调查工作。

（14）开展技术革新，合理化建议等活动，参加安全劳动竞赛和技术比武，促进安全生产。

第二节　班组安全管理日常实务

各基层班组应加强班组安全管理，切实把安全生产责任制、安全生产标准化管理、安全教育培训等工作落实到班组，引导班组员工牢固树立安全生产发展观，将安全生产各项要求落在实处，具体日常实务如下所述。

一、班组安全活动

（一）班组安全活动角色分配

（1）每个活动单元按照主持人、记录员、评论员的角色进行分工，除评论员外，其余人员均可兼任。每次活动根据实际情况选择是否设置评论员。

（2）主持人一般由班组长担任，负责活动策划准备，主持讨论，管理时间，督促全员发言，控制活动进程。

（3）评论员一般由班组上一级管理人员担任，负责点评活动流程、活动效果。当活动现场无上一级管理人员时，班组可将现场录像发给上一级管理人员，由上一级管理人员点评。

（二）班组安全活动步骤

班组安全活动步骤具体如下：策划准备→活动发起→风险辨识→制定对策→强化记忆

1. 策划准备

（1）主持人提前根据近期主要工作任务、安全学习文件、班组安全管理问题等确定活动主题。班组成员提前学习活动主题相关资料，掌握各项危险因素和预控措施。

（2）提前确定活动场地，划分活动角色，并做好材料、器具等各项准备。

（3）活动发起前，班组长组织全体成员共同学习上级安全文件、安全事故通报等，传达上级会议指示精神，普及、强化其中的关键知识，集中学习所涉及的安全规程、安全规章制度，并签字留痕。

2. 活动发起

（1）班组成员全员有序列队。

（2）整理着装，检查衣着是否符合规范，是否穿戴整齐。

（3）班组成员依次报数。

（4）关注班组成员身体状况和精神状态是否出现异常迹象。

3. 风险辨识

（1）确认风险辨识对象。

（2）班组成员以“因为……所以可能……，危险！”句式进行手指口述，提出危险因素，记录员记录。

（3）主持人补充完善危险因素。

（4）记录员对危险因素依次编号，主持人组织所有班组成员对危险因素举手表决，确定关键危险因素。

4. 制定对策

（1）班组成员依次对前面确定的关键危险因素提出预控措施。

（2）记录员将每个班组成员提出的预控措施记录在看板上并编号。

（3）主持人补充完善预控措施。

（4）相互补充和举手表决确定最有效的预控措施。

（5）手指看板或图片中危险因素的地方，口头复述最有效的预控措施。

5. 强化记忆

（1）主持人总结当天的行动目标。

（2）全员站立，采用统一手指展板上行动目标或围成圈（手叠手、手拉手）大声喊行动目标3遍。

（三）班组安全活动其他要求

（1）班组安全活动每周开展一次，根据上级文件要求和本单位实际应增加安全活动的开展频率。活动5个环节的时间为15~30分钟（不包括集中学习和讨论环节的时间）。

（2）班组安全活动全体成员参加。因故不能参加者，应在回班组后一周内补课并做好记录。

（3）班组安全活动应以手持终端、看板、大屏展示为活动载体，以便提高活动效率、增强活动效果。

（4）班组安全活动通过录像形式记录，影像资料并由班组保存，保存时间为一年。

二、两票管理

（1）输电线路工作票包含数字工作票和纸质工作票两大类，数字工作票的签名、人脸识别、系统选择及手工输入内容等与纸质工作票中签名确认、时间填写、执行打钩、备注及其他事项填写等具有同等效力。

（2）班组每月一次对纸质工作票进行分析、评价和考核，加盖“合格”或“不合格”章，对不合格的工作票要注明原因。每月公布工作票的检查、考核情况。

（3）班组成员需参加单位组织的“两票”知识调考。

三、安全教育培训

（1）班组要落实上级安全教育培训有关制度和要求；组织开展安全教育培训和考试；建立健全个人安全教育培训档案，如实记录安全教育培训时间、内容、参加人员及考试考核结果等。

（2）班组长、安全员、技术员每年接受安全教育培训，主要包括以下内容：

①安全生产法规规章、制度标准、操作规程；

②安全防护用品、作业机具、工器具使用与管理；

③作业场所和工作岗位存在的危险因素、防范措施以及事故应急措施；

④作业标准化安全管控相关知识；

⑤工作票（作业票）、操作票管理要求及填写规范；

⑥安全隐患排查治理、违章查纠等相关知识；

⑦现场应急处置方案相关要求；

⑧有关的典型事故案例；

⑨其他需要培训的内容。

（3）在岗生产人员每年接受安全教育培训，主要包括以下内容：

①安全生产规章制度和岗位安全规程；

②新工艺、新技术、新材料、新设备安全技术特性及安全防护措施；

③安全设备设施、安全工器具、个人防护用品的使用和维护；

④作业场所和工作岗位存在的危险因素、防范措施以及事故应急措施；

⑤典型违章、安全隐患排查治理、事故案例；

⑥职业健康危害与防治；

⑦其他需要培训的内容。

（4）应根据新上岗（转岗）人员的工作性质，对其进行岗前安全教育培训，保证其具备岗位安全操作、紧急救护、应急处理等知识和技能，主要包括以下内容：

①安全生产规章制度和岗位安全规程；

②所从事工种可能遭受的职业伤害和伤亡事故；

③所从事工种的安全职责、操作技能及强制性标准；

④工作环境、作业场所和工作岗位存在的危险因素、防范措施以及事故应急措施；

⑤自救互救、急救方法、疏散和现场紧急情况处理；

⑥安全设备设施、安全工器具、个人防护用品的使用和维护；

⑦典型违章、有关事故案例；

⑧安全文明生产知识；

⑨其他需要培训的内容。

（5）工作票（作业票）签发人、工作许可人、工作负责人（专责监护人）、倒闸操作人、操作监护人等每年应进行专项培训，考试合格后，书面公布。主要包括以下内容：

①安全工作规程、现场运行规程和调度、监控运行规程等；

②工作票（作业票）、操作票管理要求及填写规范；

③作业场所和工作岗位存在的危险因素、防范措施以及事故应急措施；

④作业标准化安全管控相关知识；

⑤典型违章、安全隐患排查治理、违章查纠等相关知识；

⑥其他需要培训的内容。

（6）特种作业人员必须按照国家规定的培训大纲，接受与本工种相适应的、专门的安全技术培训，考核合格取得《特种作业操作证》，并经单位书面批准方可参加相应的作业。离开特种作业岗位6个月的作业人员，应重新进行实际操作考试，确认合格后方可上岗作业。

四、安全生产责任制

（1）行政正职是本单位的安全第一责任人，对本单位安全工作和安全目标负全面责任。行政副职对分管工作范围内的安全工作负领导责任，向行政正职负责。实行下级对上级的安全逐级负责制。

（2）安全生产目标自上而下逐级分解，组织制定年度安全目标计划的具体措施，层层落实安全责任，确保安全目标的实现。

（3）班组及岗位安全责任清单应进行长期公示；将安全责任清单的学习纳入安全教育培训计划；每名员工应掌握本岗位安全责任清单，熟悉所在组织的安全责任清单；班组长、管理人员还应了解所在组织各岗位和下级组织的安全责任清单；安全责任清单内容应纳入安全考试范畴；班组及各岗位应对照安全责任清单，逐条落实安全职责和履责要求，做到安全工作与业务工作同时计划、同时布置、同时检查、同时总结、同时考核。

五、安全工器具管理

班组应根据工作实际，提出安全工器具添置、更新需求；建立安全工器具管理台账，做到账、卡、物相符，试验报告、检查记录齐全；组织开展班组安全工器具培训，严格执行操作规定，正确使用安全工器具，严禁使用不合格或超试验周期的安全工器具；安排专人做好班组安全工器具日常维护、保养及定期送检工作。

六、“两措”管理

“两措”计划下达后，班组根据“两措”计划内容，组织制定和实施本班组年度“两措”计划，每月开展一次检查，将完成情况报送主管部门。

七、隐患管理

班组要结合设备运维、监测、试验或检修、施工等日常工作排查安全隐患；根据上级安排开展专项安全隐患排查和治理工作；负责职责范围内安全隐患的上报、管控和治理工作。

八、季节性安全检查

（1）季节性安全检查由班组长组织进行，安全员应积极协助，发动全体班组成员参与，开展自查活动。

（2）对于上级制定的检查重点和检查项目（表），班组可根据实际情况补充相应的重点内容，再自查、整改、总结并报送上级部门。

（3）安全检查时应做好记录，保留现场证据，及时跟踪整改完成情况；对暂时无法解决的问题或事故隐患应落实防范控制措施。

九、反违章管理

（1）班组长及管理人员应带头遵守安全生产规章制度，积极参与反违章，按照“谁主管、谁负责”原则，组织开展分管范围内的反违章工作，督促落实反违章工作要求。

（2）班组应严格落实反违章工作要求，防范并严肃查处各类违章。

（3）充分调动基层班组和一线员工的积极性、主动性，紧密结合生产实际，鼓励员工自主发现违章、自觉纠正违章，相互监督整改违章。

附 录

附录 A：现场标准化作业指导书（现场执行卡）范例

500kV 线路带电更换悬垂整串绝缘子现场作业程序卡

一、作业人员配备

等电位作业人员 1 名，塔上地电位作业人员 2 名，塔上专责监护人 1 名，地面配合人员 2 名，工作负责人 1 名。

二、主要工器具配备（见表 A–1）

表 A–1　主要工器具配备

序号	名称	型号规格	单位	数量	备注
1	等电位士字梯	500kV 专用	个	1	
2	悬挂士字梯绝缘绳	φ12	根	1	6~8 米
3	绝缘吊线杆	50kN	根	2	根据现场垂直荷载配置
4	绝缘无极绳	φ14	组	2	传递用（含滑车）

续表

序号	名称	型号规格	单位	数量	备注
5	托瓶架		架	1	根据现场绝缘子配备
6	绝缘 3–3 滑车组	10kN	组	2	
7	绝缘三三绳	ϕ14	根	1	长度根据杆塔高度配置
8	导线保险绳	50kN	根	1	根据现场垂直荷载配置
9	等电位人员保险绳	ϕ12	根	1	超过 3m 配备缓冲包
10	绝缘绳套	ϕ16	个	若干	根据现场需要配备
11	四线钩	50kN	只	2	根据现场垂直荷载配置
12	收紧丝杠	50kN	组	2	根据现场垂直荷载配置
13	金属挂环	10kN	只	若干	
14	全套屏蔽服	500kV 专用	套	6	含导电鞋
15	兆欧表	2500V	只	1	
16	测零专用操作杆	500kV 专用	副	1	瓷质绝缘子适用
17	绝缘安全带		副	6	
18	工具袋		个	若干	盛放绝缘工具
19	对讲机		部	2	
20	气象测试仪		套	1	温度计、湿度计、风速计
21	防潮垫	2m × 2.5m	块	2	

注：工器具机械强度均应满足安规要求，周期预防性检查性试验合格，工器具的配备应根据线路实际情况进行调整，防止以小带大。

三、工作前准备

作业前，工作负责人应做好本次作业的准备工作，主要内容如下所述。

（1）现场踏勘：作业前，工作票签发人查看本次工作范围的图纸资料，向缺陷上报人员了解现场及缺陷情况（必要时组织工区生技、安监人员、工作负责人等勘查现场），了解杆塔周围环境，明确缺陷部位、地形状况等，分析存在的危险点，确定作业方案，并制定预控方案。

（2）相关资料：了解塔形、呼高、计算导线垂直荷载等相关资料，确定使用带电作业工具的型号，应检查绝缘操作杆（包括外套）、绝缘安全带、绝缘吊杆等外观，这些工器具必须有有效的试验标签，不得有明显的表面缺陷；

事先应烘干绝缘安全带、绝缘操作杆等绝缘工器具；检查 2500V 兆欧表是否完好，兆欧表应在检验有效期内。

（3）工作票及任务单：工作票签发人根据工作的复杂程度和现场缺陷情况，合理选择工作负责人和工作班人员，填写并签发电力线路带电作业工作票，签发前应经工作负责人审核；工作票和工作任务单应一同下发给工作负责人；提前申请停用线路重合闸。

（4）工具、材料的准备和要求：根据工作任务单准备工器具、绝缘子等材料，零星小工具及材料等自行准备。

（5）危险点分析预控（见表 A–2）。

表 A–2　危险点分析预控

序号	危险点	控制及防范措施
1	误登杆塔	登塔前必须仔细核对停电检修线路的识别标记和双重命名、杆塔号，确认无误后，方可攀登。同塔多回线路登杆塔至横担处时，应再次核对停电线路的识别标记，确认无误后方可进入停电线路侧横担
2	高空坠落	登塔时应手抓主材或牢固构件。上砼杆前，应对脚扣、登高板冲击试验。杆塔有防坠装置的，应使用防坠装置。上、下塔及杆塔上转位过程中，手上不得带工具物品等。工作过程中应正确使用安全带，高处作业时不得失去安全带的保护
3	物体打击	现场人员应正确戴安全帽；高处作业人员应避免落物；使用的工具、材料应用绳索传递，严禁抛扔；地面人员不得在作业点正下方逗留；传递工器具或材料时应检查传递滑轮及绑扎等连接部位的受力情况；工器具、材料严禁浮搁在塔上
4	触电	高处作业时应设专人监护；邻近带电线路应使用绝缘绳索传递工器具和材料。绝缘架空地线应视为带电体，作业人员与绝缘架空地线之间的距离不应小于 0.4m
5	导线脱落	移动导线的作业，当采用单吊线装置时，应采取防导线脱落时的后备保护措施
6	工器具失灵	选择合格的后备保护钢丝绳、卸扣、滑车、传递绳等承力工具器及材料，且规格必须符合承受荷载；各挂点、连接点绑扎必须牢固，选择挂点要正确，防止工具、材料出现磨伤、折断等；各挂点、连接点承力必须满足荷载要求；工作过程中随时检查各受力部位的情况，发现异常应及时调整；所有工作人员要听从指挥

续表

序号	危险点	控制及防范措施
7	其他	采取必要的防止动物叮咬、捕兽器伤人、山路塌方伤人的措施。根据现场实际情况，补充必要的危险点分析和预控内容

四、三交三查

（1）工作前，工作负责人检查工作票所列安全措施是否正确完备及所做的安全措施是否符合现场实际条件，必要时予以补充；工作负责人应召集工作班成员进行“三交三查”，包括交代工作任务、安全措施和技术措施，告知危险点，检查人员状况和工作准备情况。

（2）全体工作班成员明确工作任务、安全措施、技术措施和危险点后在工作票上签字。

五、明确人员分工

（1）工作负责人 1 名，负责工作组织、监护。

（2）等电位人员 1 名，负责在导线侧安装托瓶架和紧线杆和绝缘子串摘、挂工作。

（3）杆塔上人员 2 名，负责在横担侧安装、操作紧线杆、托瓶架及绝缘子的更换工作。

（4）塔上专责监护人 1 名，专责安全监护。

（5）地面人员 2 名，负责绝缘子检查组装，传递、起吊工器具。

六、安全措施及注意事项

（1）作业应在良好天气下进行，遇雷、雨、雪、雾、风力大于 5 级的天气不得作业；空气相对湿度大于 80% 时，不得进行带电作业。

（2）工作负责人在作业开始前，必须告知调度（工作许可人），×× 工作负责人带领工作班在 ×× 线路上更换绝缘子工作，申请停用重合闸及线路跳闸后不经联系不得强送，工作结束后应及时向调度（工作许可人）汇报。

（3）高处作业人员的人体与带电体的最小安全距离不应小于 3.4m，和绝缘架空地线的最小安全距离不得小于 0.4m，如需在绝缘架空地线上作业，应用专用接地线将其可靠接地。

（4）绝缘操作杆最小有效绝缘长度不应小于 4.0m，绝缘承力工具、绝缘绳索最小有效绝缘长度不应小于 3.7m。

（5）等电位作业人员必须在衣服外面穿合格的全套屏蔽服（包括帽、衣、裤、手套、袜和鞋）；塔上人员必须穿戴静电感应防护服及导电鞋。.

（6）等电位人员在转移电位前，应得到工作负责人的许可，并系好安全带；电位转移时，人体裸露部分与带电体的距离不得小于 0.4m。

（7）等电位作业人员进入强电场时，等电位人员与接地体和带电体两部分之间所组成的组合间隙不得小于 3.9m。

（8）等电位作业人员更换绝缘子串时其头部不得超过第三片绝缘子。

（9）等电位作业人员一定要经过工作负责人许可后才能登上电位或脱离电位。

（10）等电位作业人员在转移电位或脱离电位时，严禁用头部充放电。

（11）地面作业人员与等电位作业人员传递工具和材料等时，必须使用绝缘工具或绝缘绳索。

（12）带电更换直线绝缘子串作业时，良好绝缘子串片数不得少于 23 片；脱开碗头后，等电位作业人员应退离导线悬挂点 1.5m 以上。

（13）塔上专责监护人应严格监护高处作业人员的活动趋向和活动范围，严格保持人身与带电体之间的安全距离及绝缘工具的有效绝缘长度；发现不规范的动作和行为时，应及时提醒、纠正。

（14）使用绝缘工器具时应戴清洁、干净的手套，避免绝缘工具在使用中脏污和受潮（尤其是夏天）。

（15）更换直线绝缘子串或移动导线的作业，当采用单吊线装置时，应采取防止导线脱落时的后备保护措施。

（16）脱开碗头前应检查各部件连接及受力情况，确认可靠后，方可脱开。

（17）严格监护。

七、作业内容和工艺标准（见表 A–3）

八、作业现场执行卡

500kV 线路带电更换悬垂整串绝缘子作业现场执行卡按表 A–4 样式执行。

表 A-3　作业内容和工艺标准

序号	作业内容	作业工序	工艺标准和要求
1	核对现场	a）核对线路双重命名、杆塔号 b）核对现场情况 c）现场列队进行“三交三查”工作	1）由登塔人员核对，工作负责人确认 2）由工作负责人核对 3）工作负责人开工前，在现场召集全体作业人员列队，交代工作任务、安全措施和技术措施，告知危险点，检查工器具是否完备和登塔人员精神状况是否良好及工作人员的着装
2	检测工具	a）对安全用具、绳索及专用工具进行外观检查 b）对绝缘工具进行绝缘电阻检测 c）屏蔽服衣裤穿戴连接完好并进行电阻值检测	1）安全用具、工器具外观检查合格；无损伤、变形、失灵现象 2）绝缘工具使用前应用 2500V 兆欧表或绝缘检测仪进行分段绝缘检测（电极宽 2cm，极间宽 2cm），电阻值应不低于 700MΩ；操作绝缘工具时应戴清洁干燥的手套 3）用万用表测量屏蔽服衣裤最远端点之间的电阻值不得大于 20Ω
3	登塔	a）塔上专责监护人登塔，在适当位置站好，做好安全措施，全程监护其他人员 b）作业人员携带绝缘无极绳上塔，系好安全带，并将绝缘无极绳在横担适当位置固定好 c）塔上作业人员和等电位作业人员依次登塔至适当位置系好安全带	1）塔上人员必须穿戴静电感应防护服及导电鞋；上杆塔前应认真核对线路双重命名及杆塔号，确认无误后方可登杆 2）塔上专责监护人登塔后应首先系好安全带，并严格监护其他塔上作业人员的活动范围及动作趋向 3）安全带应系在牢固的构件上，并应仔细检查其扣环是否扣好，安全带严禁低挂高用 4）登塔及杆塔上转位过程中，双手不得持带任何工具物品等

续表

序号	作业内容	作业工序	工艺标准和要求
4	瓷瓶测零	若是瓷质绝缘子串时，将检测杆传至塔上，对瓷质绝缘子进行零值检测，告知工作负责人，并做好记录	瓷质绝缘子检测应从导线侧逐片进行，良好绝缘子片数应大于23片方可进行更换作业；在检测过程中应始终保持绝缘操作杆最小有效长度4.0m及以上的安全距离
5	吊装工器具	a）地面人员在地面分别组装好滑车组、托瓶架，并分别将丝杠、吊线杆、士字梯、滑车组、托瓶架、导线保险等吊至横担 b）作业人员负责组装丝杠、托瓶架及导线保险，安装三三滑车组及士字梯	1）上下吊装工器具应绑扎牢固，且应方便塔上人员松解 2）丝杠应使用双丝杠，若使用单丝杠，应有防止导线意外脱落的安全措施 3）士字梯固定的位置必须符合等电位人员的要求，应靠近导线；高度要求必须满足组合间隙3.9m及最小对地安全距离3.4m的要求，控制士字梯的下横担在导线的下子导线的高度位置，方便等电位人员进入导线
6	等电位作业人员进入强电场	a）等电位作业人员进入士字梯，第3、第4号作业人员控制三三滑车组尾绳，使士字梯匀速下降 b）至适当位置时，等电位人员经工作负责人同意后进入强电场	1）等电位作业人员进入士字梯前，应再次检查屏蔽服的连接是否完好，并检查与三三滑车组尾绳的连接情况，确保安全带已系好 2）等电位人员与接地体和带电体两部分之间所组成的组合间隙不得小于3.9m 等电位作业人员进入强电场前必须经工作负责人同意； 3）进入强电场后，等电位作业人员应使用屏蔽服上的软铜丝将屏蔽服和导线连接好

续表

序号	作业内容	作业工序	工艺标准和要求
7	拆除绝缘子	a）等电位作业人员与塔上作业人员配合将丝杠摆正，并将托瓶架和滑车组在绝缘子串上装好；作业人员收紧丝杠，使绝缘子串松弛 b）等电位作业人员检查W销等金具无误后，拆除绝缘子串与导线端的连接，再将三三滑车组摘下与托瓶架连接，并离退导线悬挂点1.5m以上； 地面作业人员拉紧托瓶架的三三滑车组尾绳，将绝缘子串拉至横担上 c）塔上作业人员分段拆下绝缘子，并使用绝缘无极绳吊下	1）丝杠受力后，在脱开绝缘子串连接前，应检查丝杠各部位受力情况是否良好，作适当的冲击试验，确认无误后方可进行； 绝缘子串脱离电位后，等电位作业人员严禁再触及绝缘子 2）绝缘子可以分段吊装，在吊装过程中应防止绝缘子发生碰撞，以避免绝缘子损伤 3）对于合成绝缘子，无须使用托瓶架，脱离连接后，直接用绝缘无极绳吊下 4）杆塔上作业时，不得失去安全带的保护；在杆塔上转移中，严禁双手持带任何工具物品等
8	安装新绝缘子	a）地面作业人员吊上新绝缘子 b）塔上作业人员将新绝缘子分段组装好，并检查整串绝缘子R销（W销）等情况是否完好；确认完好后，地面作业人员缓慢松开托瓶架的三三滑车组尾绳，将绝缘子串慢慢松至导线附近 c）等电位作业人员和塔上作业人员配合将绝缘子串与导线端连接好；等电位作业人员摘下三三滑车组与士字梯连接	1）检查绝缘子R销（W销）等情况完好，起吊时避免绝缘子发生突然掉落 2）地面配合人员在控制三三滑车组尾绳松托瓶架时必须缓慢匀速，防止震荡 3）对于合成绝缘子，使用绝缘无绳吊上之后，先安装杆塔上端，再由等电位人员和杆塔上人员配合安装导线端（高电位）的连接

续表

序号	作业内容	作业工序	工艺标准和要求
9	等电位作业人员退出强电场	a）等电位作业人员确认完好后，高处作业人员松丝杠，并拆除吊下 b）等电位作业人员和杆塔上人员配合拆除托瓶架，并吊下；等电位作业人员经工作负责人同意后，脱离高电位 c）作业人员控制三三滑车组尾绳，使士字梯缓慢上升至杆塔上	1）等电位作业人员脱离高电位时，必须经工作负责人同意 2）等电位人员与接地体和带电体两部分之间所组成的组合间隙不得小于 3.9m
10	吊下工器具	塔上作业人员和地面作业人员协同吊下其他各工器具	传递工器具绳扣应正确可靠，塔上人员应防止高空落物
11	下塔	a）塔上作业人员分别下塔 b）塔上专责监护人确认杆塔上无遗留物和异常后，下塔 c）工作负责人严格监护	1）确认杆塔上无遗留物 2）下塔时，必须戴安全帽，杆塔有防坠装置的，应使用防坠装置；下塔过程中，双手不得持带任何工具物品等 3）专责监护人专责监护
12	工作终结	a）清理地面工作现场 b）工作负责人全面检查工作完成情况，确认无误后签字撤离现场 c）工作负责人向调度（工作联系人）汇报，履行工作终结手续	1）确认工器具均已收齐，工作现场做到“工完、料净、场地清” 2）及时向调度汇报，恢复重合闸
13	自检记录	a）更换的零部件 b）发现的问题及处理情况 c）验收结论	

表 A-4　500kV 线路带电更换悬垂整串绝缘子作业现场执行卡

线路名称：

序号	作业步骤及程序	执行情况		
		塔号	塔号	塔号
1	工作前准备（工器具配备及检查等）			
2	现场二交一查（确认签字完成）			
3	核对线路双重命名、杆塔号			
4	绝缘工器具的绝缘电阻检测			
5	登塔进行测零工作（瓷质绝缘子）			
6	安装丝杠及绝缘吊杆、士字梯、托瓶架、导线保险			
7	等电位人员进入电场作业			
8	收紧托瓶架至横担水平，塔上作业人员分段依次更换绝缘子			
9	进行自检确认安装到位			
10	恢复绝缘子与导线连接			
11	等电位人员撤离电场			
12	拆除塔上工器具			
13	检查杆塔和导地线上无遗留物（工具材料等）			
14	清理工作现场			
15	工作终结			
备注				

说明：作业班组根据工作内容按作业程序对现场执行情况进行逐条确认打钩。

工作班组：　　　　　　　　小组负责人：　　　　　　　　日期：

附录 B：现场处置方案范例

【方案一】作业人员应对突发高空坠落现场处置方案

一、工作场所

××供电公司输电运检中心高空作业现场。

二、事件特征

作业人员在高空作业时，从高处坠落至地面、高处平台或悬挂空中，造成人身伤害。

三、现场人员应急职责

1. 现场负责人

（1）组织救助伤员。

（2）汇报事件情况。

2. 现场其他人员

现场其他人员救助伤员。

四、现场应急处置

1. 现场应具备的条件

（1）通信工具及上级、急救部门的电话号码。

（2）急救箱及药品。

2. 现场应急处置程序及措施

（1）作业人员坠落至高处或悬挂在高空时，现场人员应立即使用绳索或其他工具将坠落者解救至地面进行检查、救治；如果暂时无法将坠落者解救至地面，应采取措施防止其脱出坠落。

（2）人体若被重物压住，应立即利用现场工器具使伤员迅速脱离重物，现场施救困难时，应立即向上级部门或 110 请求救援。

（3）高空坠落伤害事件发生后，应采取措施将受伤人员转移至安全地带。

（4）对于坠落地面的人员，现场人员应根据伤者情况采取止血、固定、心肺复苏等相应急救措施。

（5）送伤员到医院救治或拨打“120”急救电话求救。

（6）向上级汇报高空坠落人员受伤及救治等情况。

五、注意事项

（1）对于坠落昏迷者，应采取按压人中、虎口或呼叫等措施使其保持清醒。

（2）解救高空伤员过程中要不断与之交流，询问伤情，防止其昏迷，并对骨折部位采取固定措施。

六、联系电话（见表 B-1）

表 B-1 各部门联系电话

序号	部门	联系人	电话
1	医疗急救		120
2	救援报警		110
3	本单位安监部门		
4	本单位领导		

【方案二】作业人员应对突发高压触电事故现场处置方案

一、工作场所

××供电公司输电运检中心生产作业现场。

二、事件特征

作业人员在电压等级 1000V 及以上的设备上工作，发生触电，造成人员伤亡。

三、现场人员应急职责

1. 现场抢救触电人员。

2. 汇报触电事故情况。

四、现场应急处置

1. 现场应具备的条件

（1）通信工具及上级、急救部门的电话号码。

（2）电工工器具、绝缘鞋、绝缘手套等安全工器具。

（3）急救箱及药品。

2. 现场应急处置程序及措施

（1）现场人员立即使触电人员脱离电源。一是立即通知有关供电单位（调度或运行值班人员）或用户停电。二是戴上绝缘手套，穿上绝缘靴，用相应电压等级的绝缘工具按顺序拉开电源开关、熔断器或将带电体移开。三是采取相关措施使保护装置动作，断开电源。

（2）如触电人员悬挂高处，现场人员应尽快解救其至地面；如暂时不能解救至地面的，应考虑相关防坠落措施，并向消防部门求救。

（3）根据触电人员受伤情况，采取止血、固定、人工呼吸、心肺复苏等相应急救措施。

（4）如触电者衣服被电弧光引燃时，应利用衣服、湿毛巾等迅速扑灭其身上的火源，着火者切忌跑动，必要时可就地躺下翻滚，使火扑灭。

（5）现场人员将触电人员送往医院救治或拨打“120”急救电话求救。

（6）向上级汇报触电人员受伤及抢救情况。

五、注意事项

（1）严禁直接用手、金属及潮湿的物体接触触电人员。

（2）救护人在救护过程中要注意自身和被救者与附近带电体之间的安全距离（高压设备接地时，室内安全距离为 4m，室外安全距离为 8m），防止再次触及带电设备或跨步电压触电。

（3）解救高空伤员过程中要询问伤员伤情，并对骨折部位采取固定措施。

（4）在医务人员未接替救治前，不应放弃现场抢救。

六、联系电话（见表 B–2）

表 B–2 各部门联系电话

序号	部门	联系人	电话
1	医疗急救		120
2	救援报警		110
3	本单位安监部门		
4	本单位领导		

【方案三】作业人员应对突发物体打击现场处置方案

一、工作场所

××供电公司输电运检中心生产、基建作业现场。

二、事件特征

生产、基建作业现场发生倒杆塔、断线、高空落物、杆塔失控、导线失控事件，造成人员伤亡和设施损坏。

三、现场人员应急职责

1. 工作负责人

（1）指挥现场应急处置工作。

（2）组织抢救伤员。

（3）拨打 120 急救电话向医疗机构求助。

（4）向分局主管领导汇报。

2. 工作班人员

（1）协助工作负责人开展现场处置。

（2）抢救伤员，保护现场。

四、现场应急处置

1. 现场应具备的条件

（1）具备通信工具及有关通信录。

（2）急救箱及药品。

（3）应急照明器具。

（4）作业使用的工器具。

2. 现场应急处置程序

（1）立即施救伤员。

（2）查看和了解现场情况。

（3）根据现场情况拨打报警电话。

（4）将事件信息报告分局主管领导。

3. 现场应急处置措施

（1）作业人员受伤在高处或悬挂在高空时，尽快使用绳索或其他工具将伤者营救至地面，然后根据伤情进行现场抢救。

（2）一般伤口的处置急救措施：伤口不深的外出血症状，先用过氧化氢（双氧水）清洗创口表面的污物，再用酒精消毒（无双氧水、酒精等消毒液时，可用瓶装水冲洗伤口污物），伤口清洗干净后用纱布包扎止血；出血较严重者用多层纱布加压包扎止血，然后立即拨打“120”急救电话，送往医院进一步救治。

（3）骨折急救措施如下所述。

①对清醒伤员，应询问其自我感觉情况及疼痛部位，切勿随意搬动伤员。检查时，切忌让伤员坐起或使其身体扭曲，也不能让伤员做身体各个方向的活动。

②对脊椎骨折移位导致出现脊髓受压症状的伤员，如伤员不在危险区域，暂无生命危险的，最好等待医务急救人员搬运伤员。

③对有手足大骨骨折的伤员，不要盲目搬动，应先用木板条或竹板片（竹棍甚至钢筋条）于其骨折位置的上下关节处作临时固定，使断端不再移位或刺伤肌肉、神经或血管，然后立即拨打“120”急救电话，送往医院接受救治。

④如有骨折断端外露在皮肤外的，切勿强行将骨折断端按压进皮肤下面，

只能用干净的纱布覆盖好伤口，固定好骨折上下关节部位，然后拨打“120”等待救援。

（4）颅脑外伤急救措施如下所述。

①颅脑损伤的昏迷者，首先必须维持其呼吸道通畅。昏迷伤员应采用侧卧位或仰卧偏头，防止舌根下坠或分泌物、呕吐物吸入气管，阻塞气道。对烦躁不安者，可因地制宜地约束其手足，防止伤及开放伤口。

②对于有颅骨凹陷性骨折的伤员，创伤处应用消毒纱布覆盖伤口，用绷带或布条包扎伤口后，立即拨打“120”急救电话，送往医院接受救治。

（5）拨打“120”急救电话时，说清楚事故发生的具体地址和伤员情况，安排人员接应救护车，保证抢救及时。

（6）及时向各单位主管领导汇报人员受伤抢救情况。

（7）协助专业救护人员进行现场救治，安排人员陪同前往医院抢救。

五、注意事项

（1）对受伤在高处或悬挂在高空的人员，施救过程中要防止被救人员和施救人员出现高坠。

（2）在伤员救治和转移过程中，防止加重其伤情。

（3）在医务人员未接替救治前，不应放弃现场抢救。

（4）施救过程中，应尽可能保护好现场。

六、联系电话（见表 B–3）

表 B–3　各部门联系电话

序号	部门	联系人	电话
1	医疗急救		120
2	救援报警		110
3	本单位安监部门		
4	本单位领导		

【方案四】作业人员应对动物（犬）袭击事件现场处置方案

一、工作场所

××供电公司输电运检中心外出作业过程中。

二、事件特征

工作人员在外出作业过程中，遭遇动物（犬）袭击。

三、现场人员应急职责

1. 现场自救。
2. 汇报事件情况。

四、现场应急处置

1. 现场应具备的条件

（1）棍棒或棒状工具。

（2）通信工具及上级、急救部门的电话号码。

（3）急救药品。

2. 现场应急处置程序及措施

（1）大声呼救，使用棍棒或棒状工具驱赶袭击动物（犬）。

（2）若被动物（犬）咬伤，应利用携带的急救药品救治。

（3）送伤员到医院救治或拨打“120”急救电话求救。单人巡视向路人求助或自行拨打“120”求救，并汇报上级求援。

（4）向上级汇报人员受伤及救治等情况。

五、注意事项

（1）驱赶袭击动物（犬）过程中，应做好自我防护，避免受到伤害。

（2）被动物（犬）咬伤后应尽早注射狂犬疫苗。

六、联系电话（见表B–4）

表B–4 各部门联系电话

序号	部门	联系人	电话
1	医疗急救		120
2	本单位安监部门		
3	本单位领导		

【方案五】作业人员应对突发落水事件现场处置方案

一、工作场所

××供电公司输电运检中心××作业途中或作业现场。

二、事件特征

作业人员在前往作业途中或在作业现场，意外落水（或溺水），这可能造成落水（溺水）人员呼吸受阻、窒息和心跳停止。

三、现场人员应急职责

（1）抢救落水（溺水）人员。

（2）汇报事故情况。

四、现场应急处置

1. 现场应具备的条件

（1）救生衣或救生圈等水上救生器材。

（2）通信工具及上级、急救部门的电话号码。

（3）急救药品。

2. 现场应急处置程序及措施

（1）发现有人落水，现场人员大声呼救，寻求周围人员救助，并立即按照“先近后远，先水面后水下”的顺序进行施救。

（2）若施救人员距离落水者较近，可向落水者抛掷救生衣、救生圈或投入木板、长杆等漂浮物，让落水者抓住漂浮水面并尽快上岸。

（3）若施救人员距离落水者较远或落水（溺水）者无力气时，救援人员在保证自身安全的前提下，将救生衣或救生圈送至落水（溺水）者，将落水（溺水）者从水中救上岸。

（4）施救困难时，拨打“120”“119”求救。

（5）溺水者上岸后，立即检查并清除其口腔、鼻腔内的水、泥及污物；溺水者若呼吸或心跳停止，立即进行心肺复苏抢救，并送往医院救治。

（6）将事件发生的时间、地点、落水（溺水）者和失踪人数及采取救治措施等情况汇报上级。

五、注意事项

（1）下水施救人员应具有一定的救生能力，不得盲目下水施救，应在保证自身安全的前提下采取合理的救助方法。

（2）气温较低时，下水前应做好身体活动准备，防止肌肉痉挛。

（3）抢救溺水者时不应因“倒水”而延误抢救时间，更不应仅“倒水”而不用心肺复苏法进行抢救。

六、联系电话（见表 B–5）

表 B–5　各部门联系电话

序号	部门	联系人	电话
1	医疗急救		120
2	救援报警		110
3	本单位安监部门		
4	本单位领导		

【案例六】工作人员应对突发交通事故现场处置方案

一、工作场所

××供电公司输电运检中心工作车辆行驶途中。

二、事件特征

工作车辆在行驶途中发生交通事故，车辆受损，人员伤亡。

三、现场人员应急职责

1. 驾驶员

（1）采取防次生事故措施。

（2）组织营救伤员，向有关部门报警。

（3）汇报至本单位，并保护事故现场。

2. 乘坐人员

（1）协助现场处置。

（2）当驾驶员伤亡时，履行驾驶员职责。

四、现场应急处置

1. 现场应具备的条件

（1）通信工具，上级及公安消防部门的电话号码。

（2）照明工具、灭火器、千斤顶、安全警示标志等工器具。

（3）急救箱及药品。

2. 现场应急处置程序及措施

（1）发生交通事故后，驾驶员立即停车，拉紧手制动，切断电源，开启双闪警示灯，在车后50m至100m处设置危险警告标志，夜间还需开启示廓灯和尾灯；组织疏散车上人员到路外安全地点。

（2）检查人员伤亡和车辆损坏情况，利用车辆携带工具解救受困人员，转移其至安全地点；解救困难或人员受伤时向公安、急救部门求助。

（3）现场抢救伤员，根据伤情采取止血、固定、预防休克等急救措施。

（4）事故造成车辆着火时，应立即救火，并做好预防爆炸的安全措施。

（5）驾驶员将事故发生的时间、地点、人员伤亡等情况汇报本单位。

五、注意事项

（1）在伤员救治和转移过程中，采取固定等措施，防止其伤情加重。

（2）发生交通事故时要保持冷静，记录肇事车辆、肇事司机等信息，保护好事故现场，并用手机、相机等设备对现场拍照，依法合规配合，做好事故处理工作。

（3）在无过往车辆或救护车的情况下，可以动用肇事车辆运送伤员到医院救治，但要做好标记，并留人看护现场。

六、联系电话（见表 B-6）

表 B-6　各部门联系电话

序号	部门	联系人	电话
1	医疗急救		120
2	救援报警		110
3	本单位安监部门		
4	本单位领导		